黑龙江省自然科学基金项目(LH2020E124)资助
黑龙江省科研创新平台建设项目(2022-KYYWF-0525)资助

细粒煤泥水的沉降

丁淑芳　著

中国矿业大学出版社
·徐州·

内 容 提 要

选煤是煤炭清洁高效利用的源头技术。煤泥水是湿法选煤厂产生的工业废水,具有粒度细、组成复杂等特点,通常采用絮凝沉降的方法进行处理。本书结合作者近年的相关研究,综述了细粒煤泥水处理药剂研究现状,分析了细粒难沉降煤泥水的特性,进行了细粒难沉降煤泥水常用药剂沉降特性研究,开展了不同类型高分子絮凝剂的合成和制备,研究了不同高分子絮凝剂对煤泥水絮凝沉降特性的影响,探索了高效絮凝药剂与煤泥颗粒表面的吸附作用机理。有机高分子絮凝剂提高了细粒难沉降煤泥水的沉降效果。

本书可供矿物加工及相关领域的科研人员、工程技术人员、相关专业在校生参考使用。

图书在版编目(C I P)数据

细粒煤泥水的沉降 / 丁淑芳著. —徐州：中国矿
业大学出版社，2024.5
ISBN 978 - 7 - 5646 - 6268 - 4

Ⅰ. ①细… Ⅱ. ①丁… Ⅲ. ①煤泥水处理－沉降－研
究 Ⅳ. ①TD942.62

中国国家版本馆 CIP 数据核字(2024)第 108634 号

书　　名	细粒煤泥水的沉降	
著　　者	丁淑芳	
责任编辑	褚建萍	
出版发行	中国矿业大学出版社有限责任公司	
	(江苏省徐州市解放南路　邮编221008)	
营销热线	(0516)83885370　83884103	
出版服务	(0516)83995789　83884920	
网　　址	http://www.cumtp.com　E-mail：cumtpvip@cumtp.com	
印　　刷	江苏凤凰数码印务有限公司	
开　　本	787 mm×1092 mm　1/16　印张 7.75　字数 152 千字	
版次印次	2024 年 5 月第 1 版　2024 年 5 月第 1 次印刷	
定　　价	46.50 元	

(图书出现印装质量问题,本社负责调换)

前　言

　　随着煤矿地质条件的日益复杂和采煤机械化水平的提高,原煤中细粒物料逐渐增多。这些细粒物料的矿物组成也变得更加复杂,主要包括高岭石、蒙脱石、伊利石、绿泥石等黏土类矿物。在我国,湿法选煤是主要方式,而煤泥水则成为煤炭分选过程中不可避免的产物。黏土类矿物在水中容易泥化,形成极细颗粒悬浮于煤泥水中,难以沉降。这不仅导致选煤厂循环水质量下降、精煤受到污染,还严重影响了选煤厂的经济效益和资源回收。因此,细粒煤泥水处理一直是煤炭分选领域关注的焦点。煤泥水常用的处理方法是添加絮凝剂,其中聚丙烯酰胺(PAM)的应用范围广泛。然而,PAM 存在稳定性差、易降解、毒性大、易污染环境等缺点。因此,探索研究新型絮凝剂是实现细粒煤泥水高效沉降澄清处理的主要途径。本书针对细粒难沉降煤泥水的特性,采用试验分析的研究方法,利用水溶液法将羟丙基淀粉(HPS)与丙烯酰胺(AM)接枝共聚合成新型絮凝药剂。通过探究新型絮凝剂与煤泥颗粒表面的吸附架桥作用机制,不仅可以提高细粒难沉降煤泥水的沉降效果,同时也为实现细粒煤泥水的高效沉降澄清处理提供了理论支持,对实现煤炭的绿色回收具有一定的现实意义。

　　非离子型淀粉接枝丙烯酰胺絮凝剂(HPS-AM)制备研究表明,选择硝酸铈铵作为药剂合成引发剂,利用单因素试验探究不同因素对接枝共聚反应的影响,进一步采用正交试验确定了 HPS-AM 最佳制备条件为引发剂用量为 0.045 g、反应时间 2 h,反应温度 55 ℃和 HPS 与 AM 质量比为 1∶3,此时接枝率、接枝效率以及单体转化率最高。通过极差分析影响接枝效果的因素由大到小顺序依次是:HPS 与 AM 质量比＞引发剂用量＞反应时间＞反应温度。为了深入研究 HPS-AM 在煤泥水中的絮凝效果,我们进行了试验研究。首先,对煤泥的特性进行了分析,结果表明这是一种细粒难处理的煤泥。接着,采用不同相对分子质量的 PAM、聚合铝(PAC)等药剂进行了絮凝试验研究。通过综合考虑煤泥水的溶液化学性质和颗粒的界面特性,我们分析了这些药剂在煤泥水中的应用及作用机理。研究结果表明,新型絮凝剂在处理这种煤泥水时表现出较好的沉降效果。

　　研究表明,通过将二甲基二烯丙基氯化铵(DMDAAC)接枝到 HPS 骨架上,可以合成阳离子型淀粉改性絮凝剂(HPS-AM-DMDAAC),用于处理难沉降的煤泥水。选取两种不同煤泥水进行絮凝沉降试验，分析了煤泥水的溶液化学性质和颗粒界面特性，从不同角度证明了煤泥水难沉降的特性。将其与阴离子聚丙烯酰胺（APAM）、阳离子聚丙烯酰胺（CPAM）以及 HPS-AM 处理两种不同煤泥水的效果进行对比，结果表明，不论是处理 A 煤泥水还是 B 煤泥水，HPS-AM-DMDAAC 的絮凝性能均优于 APAM、CPAM 和 HPS-AM。

　　研究发现，超声预处理制备的 HPS-AM-DMDAAC 在处理煤泥水时表现出良好的絮凝效果。超声功率、超声时间、药剂投加量以及煤泥水浓度对絮凝效果均会产生影响。通过比较超声预处理前后的煤泥水絮凝效果、Zeta 电位和絮团特性，结果显示超声预处理能够增强絮凝效果。此外，对其增强作用机理进行了分析，为处理细粒难沉降煤泥水提供了一定参考价值。

　　本书研究内容得到了黑龙江省自然科学基金项目（LH2020E124）、黑龙江省科研创新平台建设项目（2022-KYYWF-0525）的资助，研究工作得到了康文泽教授的悉心指导，在此表示衷心感谢！

　　由于水平和时间有限，书中难免存在不妥之处，恳请读者批评指正！

著　者

2024 年 2 月

目　　录

第 1 章 绪 论

1.1 煤泥水处理的意义

我国能源禀赋特点是富煤、贫油、少气,煤炭是我国的主要能源和重要工业原料[1]。当前和今后较长时期内,我国仍处于工业化、城镇化加快发展的历史阶段,能源需求总量仍有增长空间。立足国内是我国能源战略的出发点,必须将国内供应作为保障能源安全的主渠道,牢牢掌握能源安全主动权[2]。煤炭占我国化石能源资源的 90% 以上,一直以来我国煤炭的产量稳居世界第一,至 2022 年,我国煤炭产出总量达到 45.6 亿 t 标准煤,是稳定、经济、自主保障程度最高的能源[3-4]。煤炭在一次能源消费中的比重将逐步降低,但在今后相当长时期内,煤炭在我国能源体系中的主体地位和压舱石作用不会改变。

在煤炭开采、加工和利用的过程中,伴随着矿井水排放、地下水层破坏、煤矸石堆积和粉尘及煤尘扩散,过量的碳排放,使得全球气温升高,加速了全球变暖和温室效应,造成酸雨、雾霾等极端天气出现,这些会带来严重的经济和社会问题。为保障可持续发展,2022 年 9 月提出了 2030 年前碳达峰、2060 年前碳中和的“双碳”愿景,当前“双碳”愿景已经成为我国重塑能源和产业结构、促进低碳转型以及实现高质量发展的重要推动力[5-7]。据统计,我国碳排放量约占全球的 1/3,煤炭产业排放量占 70% 以上[8-9]。在此背景下,准确把握当前能源演化趋势与煤炭行业发展趋势,探索低碳转型发展路径,发展以提高煤炭利用效率和减少污染为宗旨的洁净煤技术是首选的切实有效的途径,对实现“双碳”目标的愿景具有重大意义。

洁净煤技术是使煤能在减少污染与提高利用效率的加工、燃烧、转化及污染控制等方面达到最大限度的利用,排放的污染物控制在最低水平,进而达到煤高效清洁利用的技术。而煤炭分选是实现煤炭清洁高效利用的源头技术,它是推进煤炭清洁生产和促进煤炭清洁高效利用最经济最有效的途径。

当前,我国大多选煤厂都采用湿法选煤[10-11]。在选煤生产过程中,会产生大量的煤泥水,这是湿法选煤工艺不可避免的副产品。煤泥水中的细泥难以沉降,会造成选煤厂循环水质量恶化、分选精度下降、精煤质量污染。处理这些煤泥水的效果直接影响着选煤过程重要的经济技术指标。实现煤泥水的高效沉降和清水循环是煤炭分选过程中环境保护和资源高效利用的关键环节[12]，也是选煤厂实现低碳绿色可持续发展的重要途径，同时也有助于实现"双碳"目标。因此采用适当的方法对难沉降细粒高泥化煤泥水进行处理，实现洗水闭路循环，保证清水洗煤，对煤炭行业绿色可持续发展起着重要作用。

随着采煤机械化程度不断提高，原煤中产生了越来越多的细粒级物料，同时煤泥的矿物组成极其复杂，含有石英、蒙脱石、高岭石、伊利石、绿泥石、方解石等多种组分，其中以遇水极易泥化的黏土类矿物为主；粒度组成细，受到的重力作用很小，煤泥水中-0.045 mm 以下微细颗粒含量较高，细小粒子的布朗运动加剧，使颗粒处于分散状态；颗粒表面具有不饱和键，使颗粒表面存在水偶极子，会在其表面形成厚厚的水化膜，限制颗粒接触；煤泥颗粒表面所带电荷会产生静电斥力；煤泥水溶液中的离子组成、pH 值、电导率等因素复杂多变。煤泥水体系是近似胶体溶液的复杂分散体系，这就会造成细粒煤泥水处理难度增加，影响选煤产品质量和洗水质量，进而会影响整个选煤工艺的正常运转[13]。在湿法选煤过程中，会产生大量的煤泥水。以 2020 年为例，原煤入选量达 32 亿 t，入选率达到 75%，每入选 1 t 原煤耗水 2.5～3.5 m³，年产生煤泥水约 80 亿 m³ 以上。由于煤泥水的性质复杂且处理困难，一个中型选煤厂每年在煤泥水絮凝剂上的花费可高达数百万元，也难以实现煤泥水澄清和循环再利用，严重影响了选煤厂的经济效益和资源回收。所以细粒煤泥处理一直是煤炭行业亟待解决的难题。

目前常用的沉降方法是混凝技术，通过添加无机凝聚剂压缩颗粒表面的双电层，促使颗粒聚集，但在添加有机絮凝剂聚丙烯酰胺（相对分子质量 800 万～1 300 万）时，剧烈搅拌易出现断链，导致絮凝效果降低，难以解决煤泥水难沉降的问题[14]。因此，本书旨在分析和研究细粒难沉降煤泥水的特性，设计合成新型高分子聚合物絮凝剂。同时探究近似胶体的煤泥水溶液体系中微细矿物颗粒的表面微观特性，并研究新型絮凝药剂强化细颗粒煤泥水絮凝沉降及与颗粒吸附的作用机制。这些工作不仅有助于提高煤泥水的沉降效果，丰富煤泥水高效沉降基础理论的研究，具有重要的理论研究价值，同时为工业应用提供技术指导，对实现煤炭绿色回收具有一定的现实意义。

1.2 煤泥水特性研究

煤泥水是由悬浮液、电解质和胶体组成的复杂混合物。了解煤泥水的特性，选择合适的药剂和处理方法以提高煤泥颗粒的沉降速度至关重要。这样可以获得澄清的洗水，对于实现选煤厂洗水闭路循环具有重要的意义[15]。影响煤泥沉降和絮凝特性的因素主要有煤泥水的浓度、矿物组成、粒度组成、水中溶解物质的组成、溶液的 pH 值及温度等。

1.2.1 溶液的 pH 值

煤泥水溶液的 pH 值影响煤泥的表面性质、絮凝过程和药剂的作用情况。pH 值对煤泥表面的电性也有极大影响,当 pH 值大于颗粒零电点时,煤泥表面荷负电,当 pH 值小于颗粒零电点时,煤泥表面荷正电[16]。同时煤泥表面的电性对絮凝药剂的表面吸附起重要作用,也对细泥在其表面的覆盖起重要作用。因此溶液的 pH 值主要通过改变煤泥颗粒表面的电荷及荷电性质来改变颗粒之间的静电斥力,进而促进煤泥水的沉降[17]。通常煤泥水溶液的 pH 值在 6～8,呈中性或者弱碱性[18],水溶液中含有大量的 H^+,颗粒表面所带电荷主要是负电荷,有利于煤泥聚集[19]。溶液 pH 值越高,阴离子含量越多,颗粒间的静电斥力就越大,煤泥颗粒的聚集沉降就越难进行,沉降效果就越差[20-21]。

1.2.2 水中溶解物质的组成

选煤厂用水多数来自井下水或附近河水、湖水等,含有一些可溶性盐类。在煤炭分选过程中颗粒中某些组分溶解到水中,从而使得水中溶解物质含有一定数量的可溶性盐类,常见的主要离子有 Ca^{2+}、Mg^{2+}、K^+、Na^+、Fe^{2+}、Al^{3+}、Fe^{3+}、HCO_3^-、SO_4^{2-}、NO_3^-、Cl^-、SiO_3^{2-} 等,其中荷正电的金属阳离子可以吸附到煤泥颗粒表面,细颗粒表面主要以负电荷为主,因而使得颗粒表面的双电层被压缩,细颗粒表面的电动电位降低,细颗粒间的斥力减小,降低其稳定性,有利于细颗粒聚集絮凝成团沉降。研究表明,阳离子中 Ca^{2+}、Mg^{2+}、K^+、Na^+ 在煤泥水处理的絮凝、沉降过程中影响最大[18],当溶液中钙离子浓度适量时,煤表面吸附钙离子能降低煤表面的电动电位,从而降低煤表面水化作用,减少斥力,加强絮凝和沉降效果,改善选煤厂循环用水质量[22]。另外,黏土矿物中的钠离子含量对泥化程度也有很大影响,钠离子含量越高,泥化越严重[23-24]。因此,煤泥水中阳离子的存在对煤泥水沉降澄清有着重要的影响。

1.2.3 矿物组成

煤泥的矿物组成较为复杂,随煤种、产地不同而不同,主要有石英、方解石、黏土矿物和黄铁矿等[25-26]。黏土矿物种类很多,又有高岭土、蒙脱石、绿泥石等,多达上百种。

煤泥矿物中石英、方解石本身性质稳定,对煤泥水的沉降影响不大。其中黏土矿物含量最大,占总量的 60%～80%,主要为高岭石、伊利石、蒙脱石等。该类矿物易分解成微粒且本身易产生水化膜阻碍颗粒间接触,易产生大量负电荷,导致煤泥水难以沉降[27];此外,还会使煤泥水的黏度大幅度增加,对浮选和煤泥水处理都不利。因此,黏土类矿物含量越高,意味着煤泥水处理过程越困难。张明青等[28]指出黏土是煤泥水中含量最多的杂质矿物,其在水中容易分散成纳米级带负电的颗粒,具有很高的悬浮稳定性。同时黏土颗粒在水中容易形成三维"网架"结构,会阻碍煤泥水中其他颗粒自由沉降,导致煤泥水难处理。杨咏莉[29]指出蒙脱石由于其分散性更强、电负性更大、产生水化作用以及其特殊的层状结构,是对煤泥水影响最为显著的黏土矿物,其水化膨胀后产生较强的水化排斥作用力,阻碍颗粒接触,恶化煤泥水沉降。Sabah 等[30]研究发现煤泥水中有一半难沉降颗粒是黏土矿物,它是影响煤泥水聚团沉降效果和过滤脱水效果的主要因素。亓欣等[31]从混合煤样的表面形貌和电位测定结果中得出,蒙脱石是影响煤泥水沉降效果的主要黏土矿物。高妮[32]采用 EDLVO 理论研究了煤泥水中主要黏土矿物高岭石颗粒间的相互作用能,发现颗粒间的范德瓦耳斯相互作用能极小,几乎为零,而静电相互作用能很大,这是因为高岭石表面电负性强,说明静电力是阻碍高岭石颗粒聚集的主要作用力。黏土矿物的存在不仅影响煤泥水沉降,且若未处理完全,残留在循环水中,会进一步在浮选过程中污染精煤质量。

另外,试验表明,泥化程度和煤化程度有一定联系,煤化程度低的煤层中常含有较多的粉砂岩、泥质页岩及成岩作用差的黏土类分散矿物,水分子极易进入其晶格内部,并在水分子作用下迅速溶胀、分解成为微细颗粒,这些微细颗粒表面极性强,易覆盖在煤粒表面,阻碍煤泥颗粒的沉降[33]。

1.2.4 煤泥的粒度组成

粒度组成是煤泥颗粒的重要性质。煤泥水中微细颗粒不仅受重力作用,同时还受表面作用力和布朗运动的影响,不同粒度的颗粒在澄清沉降处理方面存在显著差异。粒度越细时布朗运动越强烈,这有助于使煤泥水浓度趋于均匀稳定[34-35]。

粒度大于 35~45 mm 的粗煤泥颗粒,重力作用占主导地位,煤泥的沉降和过滤比较容易。粒度小于 35~45 mm 的细煤泥颗粒,其表面力上升为主要作用力,重力作用较小,在溶液中颗粒的沉降速度小,沉降澄清处理较为困难。而粒度小于 1 mm 的微细颗粒,受布朗运动影响较大,颗粒呈稳定的悬浮微粒分散在液体中,很难实现沉降[36-37]。同时,随着微细颗粒粒度的减小,颗粒表面的电位有增加趋势,颗粒间的静电斥力增强,也不利于颗粒间的聚团沉降处理[38]。因此,微细颗粒粒度越小,含量越高,越不利于煤泥水的沉降澄清处理,煤泥水中含有大量高泥化的微细矿物颗粒是煤泥水难以沉降澄清处理的根本原因。

1.3 煤泥水沉降技术研究现状

1.3.1 絮凝沉降方法和理论

絮凝过程是比较复杂的物理、化学过程,水体污染物的絮凝机理一直是水处理与化学工作者们关心的课题,迄今也还没有一个统一的认识。现在多数人认为絮凝作用机理包括凝聚和絮凝两种作用过程。凝聚过程是指胶体颗粒脱稳并形成细小凝聚体的过程,而絮凝过程是指所形成的细小凝聚体在絮凝剂的桥连下生成大体积絮凝物的过程。

1. 胶体稳定性理论

目前对微细颗粒的凝聚作用过程和机理多采用胶体稳定性理论,经典的DLVO 理论是胶体稳定性的理论基础[39-40]。该理论认为胶体体系的稳定性取决于颗粒间的范德瓦耳斯引力和静电斥力的大小。有的资料上用胶粒间的位能来说明胶体的稳定性,即溶胶粒子之间的位能 V 为吸引位能 V_A 和相斥位能 V_R 之和。图 1-1 为综合位能曲线图。

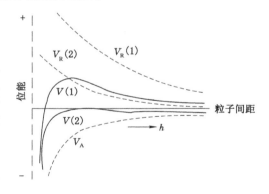

图 1-1 综合位能曲线

从图 1-1 可知,V_A 仅在很短距离内起作用,V_R 的作用距离稍大些。当 $h \to 0$ 时,$V_A \to$ 无穷大,吸引力随粒子的接近迅速增加。V_R 随距离的接近而升高。它的增加接近于一个常数,当粒子间距离较远时,V_A 和 V_R 均为零,当粒子逐渐接近时,首先起作用的是相斥位能 V_R。如粒子能克服 V_R 并进一步靠拢,直到某一距离时 V_A 才起作用。粒子越接近,V_A 影响越大,曲线形状决定 V_A 和 V_R 的相对大小。$V(1)$ 是斥力大于引力,表示胶体体系能保持稳定;$V(2)$ 表示在任何距离下,斥力都不能克服粒子之间的引力,因此胶体体系处于不稳定状态,粒子将相互聚集沉淀[16]。

要使胶体粒子碰撞絮凝,必须降低或消除排斥势能。如果向水中投入凝聚剂,增加水中反离子浓度,使得胶体扩散层压缩,Zeta电位降低,排斥势能就随之降低。当总势能恰好为零,此时所投加的絮凝剂浓度称为"临界浓度",此时的Zeta电位称为"临界电位"。当Zeta电位达到临界电位时,胶体失去稳定性,胶粒与胶粒之间就可进行碰撞凝聚。胶体失去稳定性称"胶体脱稳"。胶体粒子的双电层结构决定了在胶体表面处反离子浓度最大,随着胶粒表面向外的距离呈递减分布,最终与溶液中离子浓度相等。当向溶液中投加电解质时,溶液中离子浓度增高,则扩散层的厚度将减小。该过程实质是加入的反离子与扩散层原有的反离子之间的静电斥力把原有部分反离子挤压到吸附层中,从而使扩散层厚度减小。当两个胶粒相互接近,由于扩散层厚度减小,Zeta电位降低,因此它们之间的斥力就减小了,也就是溶液中离子浓度高的胶粒间斥力比离子浓度低的要小[41-43]。胶粒间的吸力不受水的组成影响,但由于扩散层变薄,它们相撞的距离减小,这样相互间的吸力变大,其排斥与吸引的合力由斥力为主变为以引力为主(排斥势能消失了),胶粒得以迅速凝聚。此外,扩展的DLVO理论逐渐被用于表面疏水的细微胶体颗粒稳定性的研究[44-46]。

2. 吸附架桥絮凝机理

高分子絮凝是通过絮凝剂的长链将不同微细胶体颗粒吸附后,像架桥一样将细粒连接在一起,并通过网捕作用使微细颗粒絮凝沉降。在高分子絮凝剂较低时,吸附在微粒表面的高分子长链可能同时吸附在另一个微粒的表面上,通过"架桥"方式将两个或更多的微粒连在一起,从而导致絮凝,这就是发生高分子絮凝作用的"架桥"机理。架桥的必要条件是微粒上存在空白表面,倘若溶液中的高分子物质的浓度很大,微粒表面已完全被所吸附的高分子物质所覆盖,则微粒不再会通过架桥而絮凝,此时高分子物质起的是保护作用。一般来说,相对分子质量大对架桥有利,絮凝效率高。但并不是越大越好,因为架桥过程中也发生链段间的重叠,从而产生一定的排斥作用。相对分子质量过高时,这种排斥作用可能会削弱架桥作用,使絮凝效果变差。另一个是高分子的带电状态,高分子电解质的离解程度越大,电荷密度越高,分子就越扩展,越有利于架桥,但另一方面,倘若高分子电解质的带电符号与微粒相同,则高分子带电越多,越不利于它在微粒上的吸附,就越不利于架桥,因此往往存在一个最佳离解度[47]。再者是高分子絮凝剂的投加量,投加量大有利于絮凝,但是投加量过大时,会使胶粒表面饱和产生再稳现象。已经架桥絮凝的胶粒,如受到剧烈长时间的搅拌,架桥聚合物可能从另一胶粒表面脱开,重又卷回原所在胶粒表面,造成再稳定状态。

3. 吸附电中和机理

通常由无机电解质(如铁盐、铝盐)经水解缩聚而形成的高分子化合物几乎都能吸附在胶体粒子上。无论这些高分子化合物是否带电,或其所带电荷符号是否与胶体颗粒的电荷符号相同,都会对吸附效果产生一定影响。当带正电荷的高分子化合物或高分子聚合离子吸附了负电荷胶体粒子以后,就产生了电中和作用,从而导致胶粒 Zeta 电位降低。不仅如此,由于胶粒和高分子或聚合离子之间的吸附并非仅由静电引力所引起,胶体粒子有可能吸附更多的聚合离子,以致使胶体颗粒电荷改变符号,即原来带负电荷胶体变成带正电荷胶体,它对异号离子、带异号电荷部位的链状高分子有强烈吸附作用。这种吸附作用中和了它的部分电荷,减少了静电斥力,压缩了双电层,从而促使了胶体微粒聚集沉降[44]。

1.3.2 絮凝剂的类型

絮凝剂主要分为无机絮凝剂、有机合成高分子絮凝剂、天然有机高分子絮凝剂及微生物絮凝剂[48]。

1. 无机絮凝剂

无机絮凝剂主要由铁盐、铝盐及其水解物合成的聚合物组成。Dai 等[49]以磷石膏为原料将其改性作为污泥脱水的絮凝剂,改性后的絮凝剂表现出正电性能和多孔结构,能在处理污泥时形成较大的污泥絮团,表现出较高的沉降性和过滤性。Xia 等[50]研究了粉煤灰与聚合氧化铝和聚合硫酸铁复配使用对污泥脱水的影响,得出复配使用使絮体粒径增大,滤饼含水量降低,从而优化了脱水效率。曹敏等[51]从煤矸石中提取 Al_2O_3,经与磁铁矿粉、盐酸反应聚合制备得到聚合氯化铝,用于煤泥水处理。研究发现,当其用量与煤泥水体积比为 8:100 时,絮凝效果最好。尽管此类无机絮凝剂的生产已经相对成熟,但其可能引发的二次污染也是无法忽略的,如水中铝离子浓度过高会引起土壤污染及动植物中毒。

2. 有机合成高分子絮凝剂

有机合成高分子絮凝剂的原材料主要来源于石油化工产品及其衍生物,这类絮凝剂中最具代表性的是聚丙烯酰胺(PAM)。柴进等[52]研究了阴离子型聚丙烯酰胺(APAM)相对分子质量对煤泥水沉降特性的影响,分析得出 APAM 相对分子质量越大,线性高分子长链变长,活性基团数目增多,吸附位点增加,加大了与煤泥颗粒碰撞的概率,使煤泥水沉降速度加快、上清液浊度降低、压缩区高度缩减。Abbasi 等[53]研究了在 PAM 作用下煤泥水中主要的黏土矿物高岭石颗粒在水中的聚团行为,加入 PAM 后颗粒之间形成桥梁,沉降速率明显加快,为 63~352 μm/s。并通过多种显微镜技术发现 PAM 的存在使絮团结构更加致密。但随着不可再生资源的储备量日渐减少,石油的价格与日俱增,原料价格的上涨导致该类絮凝剂生产成本增加。

3. 天然有机高分子絮凝剂

天然有机高分子絮凝剂原料来源广泛,包括木质素、壳聚糖、淀粉、胶类植物等,且生产成本较低,还具有易降解的特性,但电荷密度低、相对分子质量小,需要通过改性使其絮凝性能更佳。天然有机高分子絮凝剂改性的方法有醚化、酯化、氧化、交联、接枝等化学改性手段或物理手段,改性后活性基团进一步增加,可以更好地与单体小分子进行反应[54]。其中淀粉接枝共聚是研究最多的,它可以将亲水的亲油的、酸性的碱性的等互不相容的两种链段键接在一起,赋予特殊性能。Du 等[55]制备了不同链长的淀粉接枝聚丙烯酸(St-PAA)样品,并将其应用于废水处理,用量 40 mg/L 时浊度降低了 97%,且絮体尺寸及致密度均明显增加。Hu 等[56]采用丙烯酰胺与 2-(甲基丙烯酰氧基)-N,N,N-三甲基乙胺氯化铵和甲基丙烯酸 2-(苄基二甲胺基)乙氯在淀粉(St)骨架上进行接枝共聚,制备了两种不同亲水性和电荷密度(CD)的二元接枝阳离子淀粉基絮凝剂(CS-DMCs 和 CS-DmL),并对二者进行比较得出,在相似的 CD 下,由于电荷中和、架桥连接和疏水缔合的协同作用,疏水性较高的 CS-DmL 表现出更低的滤饼含水量和过滤比阻力,污泥絮凝体更大更致密,污泥饼的渗透性更好。

4. 微生物絮凝剂

微生物絮凝剂是从微生物中提取出的,它克服了无机絮凝剂、有机合成高分子絮凝剂存在二次污染的缺点,且相对分子质量大,絮凝效果好。杨志超等[57]以解淀粉芽孢杆菌为原料在培养皿中进行培养,制取了微生物絮凝剂,将其应用于选矿废水的处理。研究结果显示该微生物絮凝剂可与矿物发生静电作用,从而有效去除废水中的铅离子。Dong 等[58]以壳聚糖和硅藻土为原料制备改性硅藻土,并将其用于煤的生物絮凝。当微生物絮凝剂添加量为 1.5 mL 时,煤泥水上清液透光率达 84.3%。但该类絮凝剂的制备对环境要求较高,且微生物培养成本高、性能不稳定,需要进一步研究。

综合上述分析,并针对煤泥颗粒表面负电性强的特点,选取阳离子单体接枝改性后的天然高分子絮凝剂处理煤泥水最为适宜,其不存在其他絮凝剂污染环境、破坏生态、性能不稳的缺点,以成本低廉、环境友好、制备工艺简单、絮凝性能优异获得较好的应用前景。

1.3.3 沉降特性研究现状

我国煤泥水的主要特点是浓度高,粒度细,灰分高,颗粒表面多数带负电荷,同性相斥,这使得这些微粒在水中保持分散状态而难以沉降。长期以来,我国一直从多方面致力于煤泥水澄清研究。但大量生产实践表明:对于泥化严重的难处理煤泥水,依然达不到煤泥水澄清、清水循环的标准。在生产实践过程中存在工艺流程越来越复杂,但煤泥水依然不澄清等问题,这是因为之前侧重于机械式的工艺流程研究,忽视了煤泥水本身的沉降特性研究,应认识到煤泥水难沉降问题的本身,才能更好地解决其难沉降的问题。为此,众多学者对煤泥水沉降特性进行了探讨。

1. 高泥化煤泥水沉降特性的研究

冷小顺[59]针对选煤厂煤泥水难沉降的问题进行研究,发现高含量的黏土矿物、低水硬度、高浓度以及颗粒表面强电负性是煤泥水难沉降的主要原因。经过试验验证,得出处理后的上清液浊度较低,沉降速度较快。乔治忠等[60]针对准能选煤厂煤泥水难沉降问题,指出微细颗粒含量尤其是小于 0.074 mm 粒级煤泥是煤泥水难沉降脱水的重要原因。匡亚莉等[61]研究了煤泥水浓度、药剂用量和水质对煤泥水絮凝沉降的影响。结果表明,煤泥水浓度和絮凝剂用量是絮凝沉降的主要因素。刘炯天等[62-63]运用 DLVO 理论研究发现,煤中不同矿物与煤颗粒的凝聚沉降效果存在差异,显示矿物的组成、结构对沉降效果影响较大。Arnold 等[64]通过对煤泥水沉降性能的试验研究,得出蒙脱石等杂质矿物颗粒由于表面电荷密布,使得水体形成稳定的胶态,有利于沉降。Querol、Senior 等[65-67]深入分析研究了不同密度级别煤样所含无机矿物质、次量元素以及痕量元素等的具体分布,为煤泥水性质的后期研究作了理论铺垫。

2. 沉降因素对煤泥水澄清效果影响的研究

郭宣等[68]针对难沉降煤泥水进行了矿物组成分析,发现煤泥水中含有大量高岭石、蒙脱石、石英等脉石矿物,这些矿物表面带有负电荷,导致颗粒间相互排斥,造成沉降难度较大。谢俊彪等[69]深入分析指出,煤泥水中矿物颗粒粒度越大,自然沉降越容易进行;相反,颗粒较小时,自然沉降难度加大,需要絮凝沉降。此外,矿物颗粒的泥化率越小,煤泥水越容易自然沉降。值得注意的是,选煤厂所用水质的硬度越大,煤泥水越容易沉降。因此,影响煤泥水自然沉降的关键因素是矿物颗粒的粒度、泥化率以及水质硬度。

张明青等[70]研究了黏土矿物在煤泥水中的性质和行为的变化特征,指出黏土矿物在水中经历了水化、膨胀、分散,要解决难沉降问题需要从源头上遏制黏土矿物的水化分散行为。李伟荣等[71]研究了不同种类黏土矿物对难沉降煤泥水处理的影响,采用正交试验分析了高岭石、蒙脱石、石英对煤泥水沉降的影响规律及作用机理,得出高岭石对其影响最大;其次为蒙脱石,石英对其影响最小。文献才[72]针对平煤天宏难处理煤泥水进行试验研究,得出高岭石煤泥颗粒粒度组成也是影响煤泥水沉降的重要因素。赵瑜[73]对沙坪选煤厂煤泥水中含有的矿物成分、水质、煤泥的密度、煤泥粒度进行了分析,得出黏土矿物含量在2 g/L 以上时,初始沉降速度降低,煤泥密度在 1.3 g/cm³ 以下时,水分、灰分均较低,有利于煤泥沉淀,煤泥粒度越小,越不利于煤泥沉降。张晓萍等[74]采用沉降法以及颗粒表面动电位测试,考察了水介质中 pH 值的变化以及阳离子表面活性剂对微细粒高岭石颗粒聚团行为的影响。冯莉等[75]基于煤泥水组成及性质,分析了悬浮液颗粒大小、矿物泥化性质、Zeta 电位、颗粒间势能、水质硬度的系统特点对煤泥沉降特性的影响,研究表明表面 Zeta 电位越大,颗粒间斥力越大,越难沉降。水质硬度越低,煤泥水越难沉降。樊玉萍[76]对平朔弱黏煤的沉降脱水性能进行了研究,发现低阶煤由于硬度较低,遇水易泥化,煤泥水系统中细泥颗粒含量较多,使煤泥水系统形成胶体状态,难以沉降。孙景阳[77]研究分析了布尔洞煤矿原煤在实际分选中煤泥水处理困难的原因,发现-0.045 mm粒级细泥密度较高且灰分逐渐升高,说明原煤泥化现象较严重。王照临等[78-80]考察了不同粒度级的煤泥颗粒的沉降速度,证明了粒级越小的煤泥颗粒越难沉降。马正先等[81]考察了 pH 值对煤泥水絮凝沉降的影响。在不同的 pH 值下,煤泥水的絮凝效果不同:在酸性条件下,宜单独使用有机高分子絮凝剂;在中性至碱性条件下,无机凝聚剂和有机絮凝剂联合使用效果较好。Zhang 等[82]通过对 4 个典型选煤厂原煤的矿物组成分析及选煤用水和循环水的水质分析表明,当水质硬度小于 5 mmol/L 时,水质硬度越高,煤泥沉降速度越快,且上清液越澄清。

此外,通过超声处理、电化学处理、磁化处理煤泥水后,可改变煤泥水中固体颗粒表面的性质,增加颗粒间碰撞,促进颗粒絮凝沉降[83-88]。

3. 絮凝药剂方面的研究

陈忠杰等[89]采用单因素试验优选法初步确定煤泥水沉降所需絮凝剂聚丙烯酰胺和无机凝聚剂的合理用量范围并进行了优化试验。张明青等[90]用聚丙烯酰胺作絮凝剂,研究所含黏土类型、絮凝剂投加量等因素对煤泥水絮凝效果和絮体分形维数的影响。Chen 等[91]以季铵盐类药剂为表面活性剂开展了高泥化煤泥水疏水聚团沉降试验研究,研究结果表明季铵盐能够改善颗粒表面疏水性,降低颗粒表面电负性,提高煤泥颗粒疏水聚团效果。季铵盐烷基链越长,药剂用量越大,对煤泥颗粒的聚团效果越强。李树君等[92]利用三氯-二羟丙基三甲基氯化铵对马铃薯淀粉进行醚化反应,制得了高取代度的季胺型阳离子淀粉并得到了良好的絮凝效果。Ding 等[93]采用接枝共聚反应的方法在淀粉骨架上引入二甲基二烯丙基氯化铵,经过表征及工艺试验的结果证明了 St-DMDAAC-AM

接枝的成功和性能的提升,此絮凝剂同时发挥电中和凝聚及架桥絮凝的双重作用,有效改善了微细粒沉降与压滤效果。吕一波等[94-95]利用复合引发剂引发丙烯酰胺单体和可溶性淀粉接枝共聚合成絮凝剂(CPSA),结果表明:CPSA 分子对煤泥水中不同悬浮颗粒的作用方式不同,虽然沉降速度较快,但形成的沉积层密度较小。Ding、Fanta 和 Hofreiter 等[96-98]分别采用水溶液聚合法和利用60Co 产生的 γ 射线对淀粉进行辐照,进而引发淀粉和丙烯酰胺进行接枝共聚反应。Mino 等[99]首次提出并使用铈盐引发淀粉与乙烯类单体进行接枝共聚反应。Kolthoff 等[100]首次提出加热过硫酸生成淀粉与乙烯类单体的接枝共聚物。Mishra 等[101]使用微波对淀粉进行激发产生大量活性自由基并与丙烯酰胺接枝合成了丙烯酰胺接枝淀粉。降林华等[102]以硝酸铈铵、过硫酸铵、高锰酸钾为引发剂,探讨引发剂的各种因素对接枝共聚的影响。石开义等[103]研究了以丙烯酰胺(AM)、乙烯基三甲氧基硅烷(VTMS)和二甲基二烯丙基氯化铵(DADMAC)为单体,$K_2S_2O_8$ 和 Na_2SO_3 为引发剂,获得疏水改性阳离子型絮凝剂,通过煤泥水沉降试验证实了合成聚合物具有较好的絮凝效果。

第 2 章　煤泥难沉降主要影响因素分析

2.1　煤表面性质的影响

影响煤泥水沉降的表面性质主要包括 Zeta 电位、表面官能团、润湿性。其中,在电场作用下,固-液之间发生相对移动的滑动面与颗粒晶体结构之间的电势差即为 Zeta 电位[20]。Zeta 电位与煤泥水中的离子浓度、离子价数有关,离子浓度越大、离子价数越高,双电层被压缩,Zeta 电位越低,颗粒间的静电斥力随之减小,有利于煤泥水沉降;反之,离子浓度越小、离子价数越低,Zeta 电位就越高,不利于煤泥水沉降。陈忠平[104]考察了 Zeta 电位的差异对煤泥水的沉降性能的影响,分别检测了精煤、高岭石、D 煤泥水、L 煤泥水的 Zeta 电位,其 Zeta 电位排序为 L 煤泥水>高岭石>D 煤泥水>精煤,得出 L 煤泥水最难沉降。又通过 Zeta 电位表征了煤泥水改性剂的效果,Zeta 电位随药剂量的增加而降低,促进了煤泥颗粒的凝聚沉淀。郭月亭[105]的研究表明,经 PAC 处理后,黏土矿物和煤泥表面的负电位随着药剂用量的增加而减少。PAC 在矿物颗粒和煤泥表面的作用机理类似,即 PAC 吸附在煤泥表面并进行电中和作用,从而压缩煤泥表面的双电层,减少煤泥表面的负电荷,促进颗粒沉降。柳骁等[106]基于煤泥表面性质中的 Zeta 电位,探究了其对絮凝絮体的影响,发现颗粒絮体粒径随着颗粒表面 Zeta 电位绝对值的减小而增大,加入凝聚剂 CaCl₂ 可以更有效地降低颗粒表面的 Zeta 电位绝对值,使煤颗粒更容易凝聚形成较大的絮体。

煤中所含表面官能团对煤泥水沉降有着重要影响,煤是天然疏水性矿物,其中所含大量疏水基团,而煤泥是煤与其他脉石矿物等的混合物,除含有大量疏水基团,还含有大量的亲水性官能团,使得其在沉降过程中由于亲水表面产生一层致密的水化膜,阻碍颗粒间聚团沉降。煤是天然有机高分子物质,和其他高分子化合物一样,可以利用红外光谱来研究其结构中的基团[107]。同时,润湿性也是影响煤泥沉降特性的一个重要因素,可以通过接触角的测量来表示。接触角越小,润湿性越好,反之,润湿性越差。通常,润湿性的测量与官能团的测定可以起到相辅相成作用,二者能够强化煤泥的亲疏水性的界定。

张迁等[108]研究了宁东枣泉选煤厂煤泥难沉降问题,对煤样进行红外光谱分析,发现煤泥存在较多的亲水性含氧官能团 C—O、—O—H、CO,说明煤泥具有较强的亲水性,并进一步进行润湿性的测定,经测量,煤泥与水的接触角为49°,表明煤泥具有一定的亲水性,与红外检测分析结果一致。陈忠平[104]在分析煤泥红外官能团时,发现了烷烃类 C—H 官能团的红外图谱特征,证明其中含有高岭石这一矿物,并通过接触角的测定得出煤泥的接触角小于 10°,属于亲水性矿物,证明了该煤泥难沉降的属性。李毅红等[109]通过检测煤泥样品的 Zeta 电位及接触角,探究了该煤泥的表面性质,并基于该煤泥表面性质,研究了钾离子和钙离子作用后颗粒表面性质的变化,发现加入阳离子后,煤泥 Zeta 电位绝对值减小,接触角增大,颗粒间相互排斥作用能减小,有利于颗粒的凝聚沉降。王志清[110]对煤泥中常含的黏土矿物高岭石、伊利石、蒙脱石分别进行了接触角测试,亲水性均较强,不利于煤泥水沉降。

2.2　煤泥水浓度的影响

煤泥水浓度的大小直接影响其沉降难度和效果,其大小不仅对絮凝药剂作用于煤泥时絮体运动状态产生一定影响,还对煤泥吸附卷扫等作用也会产生一定影响。当煤泥水浓度过低时,絮凝剂分子链吸附卷扫的悬浮颗粒较少,导致絮团成型慢且小,不利于沉降。而当煤泥水浓度过大时,絮团在下降过程中,由于水中存在大量没有形成絮团的煤粒对絮团下降运动状态产生影响,从而造成沉降速度慢、浓缩机工作区域的沉积物形成速率小、药剂的作用未能得到充分利用等,不利于煤泥水沉降。

刘海霞等[111]研究了不同浓度条件下煤泥水的絮凝沉降效果,结果表明:当煤泥水浓度为 20 g/L 以下时沉降效果较好;随着煤泥水浓度的增加,其沉降效果明显降低,同时凝聚剂和絮凝剂的消耗量也急剧增加,所以在实际生产中,煤泥水的浓度应控制在尽可能较低的水平。当煤泥水浓度为 40 g/L 时,煤泥絮团沉降过程中受悬浮颗粒干扰较小,具有较好的絮凝效果。当煤泥水浓度增加至60~80 g/L 时,煤泥沉降阻力增加需要更多的絮凝剂去吸附、架桥、网捕悬浮颗粒。随着煤泥水浓度的增加,其沉降效果明显降低,同时凝聚剂和絮凝剂的消耗量也急剧增加,所以在实际生产中,煤泥水的浓度应控制在尽可能较低的水平。

2.3　絮凝药剂用量的影响

絮凝药剂用量对煤泥水沉降效果影响较大。当用量不足时,悬浮物不能失水脱稳,絮凝沉降效果不好;当用量过大时,不仅造成浪费,而且颗粒因超荷现象导致新的稳定(胶体保护作用)。对于絮凝剂来说,胶体颗粒表面必须保留足够的空间位置,以供另一个胶体颗粒的链环或链尾来"搭桥",否则无法进行絮凝,所以絮凝剂的用量有一最佳值,过小过大都不合适。研究表明[16],最佳用量大约为固体粒子表面吸附高分子化合物达到饱和时的一半吸附量,因为这时高分子在固体颗粒上架桥的概率最大,这一结论和絮凝过程的微观动力学研究的结论是一致的。

煤泥水絮凝药剂的最佳用量受工艺特性的影响,需确保微细颗粒被絮凝剂分子包裹,同时确保细小颗粒间碰撞发生有效黏附,从而有利于絮团的凝聚。最佳用量和理论需要量不同,理论需要量随悬浮物浓度接近于零而趋近于零,而实际最佳用量会趋于某一极值,这与处理目的和工艺设备的工作制度直接有关。

此外,絮凝药剂的相对分子质量和基团性质对絮凝效果也有影响。相对分子质量越大,其"架桥"作用越强,絮凝效率越高。但相对分子质量也不宜太大。絮凝药剂应含有能吸附于固体表面的基团,同时这种基团还能溶解于水中,起到良好的絮凝作用。

2.4　搅拌强度的影响

絮凝剂与水以一定时间进行适当的搅拌是其与煤泥水混合最适宜的流体动力学条件,也是较好絮凝的最重要条件之一。通常加入絮凝剂后,通过搅拌的方式增加煤泥颗粒与絮凝剂的碰撞概率。搅拌还会对絮凝剂的溶解产生影响,当搅拌速度过慢时,絮凝剂的溶解速度慢,导致絮凝剂与悬浮煤粒接触不充分,影响絮凝效果;而搅拌速度过快时,在外力作用下又会对絮体产生破坏,从而影响絮凝效果。

对煤泥水体系来讲,理想的混合条件是快速有力地搅拌使絮凝剂充分分散,煤泥水体系失稳后立即转入比较稳定的絮凝环境,如在尾煤浓缩机生产实际中,合适的搅拌分散时间由浓缩机给料管道上的加药点至浓缩机中心入料以及煤泥水流速来进行控制和调节。利用溜槽、管道内快速流动的液流或混合室的搅拌器起搅拌作用,进入浓缩机后,立刻转入絮凝沉降阶段。

2.5　煤泥水温度的影响

在煤泥水发生絮凝沉降过程中,煤泥水体系的温度对絮体的成型和成长以及沉降等产生影响,最终使絮凝效果具有差异。当煤泥水体系温度过低时,水的黏度变大,悬浮颗粒间的摩擦阻力增加,不利于悬浮颗粒发生碰撞。温度过低使悬浮颗粒间布朗运动降低以及絮凝药剂的解离速率变慢,最终导致絮体成长的速度变慢以及絮体成型过小不利于沉降[112]。随着温度升高,絮凝剂的解离度增加,水的黏度降低,颗粒间的布朗运动加剧,导致悬浮颗粒之间更容易碰撞。在絮凝剂吸附卷扫作用下,絮团成型更快、更大、更紧密,有利于煤泥水沉降。然而,温度过高时,絮凝剂的解离过快,导致絮凝剂完全展开,形成的絮团大而疏松,质量轻。在这种情况下,在重力作用下沉降速度变慢,不利于絮凝沉降。

我国相当多的选煤厂冬季平均气温较低,所以在冬季最好采取一些措施来保持煤泥水的温度,以改善絮凝沉降效果。

第3章　细粒煤泥水常用药剂沉降特性研究

　　煤泥水是选煤厂生产过程产生的介质用水,对其处理效果的好坏直接影响选煤厂能否实现洗水闭路循环和能否保证良好的分选效果。解决煤泥水处理存在的问题已经成为选煤厂亟待解决的问题[113]。在选煤厂实际生产中,通常需要添加药剂对煤泥水进行絮凝沉降处理,使处理后煤泥水上层液体更加清澈,将其继续使用实现洗水闭路循环。目前选煤厂大多使用絮凝药剂处理煤泥水,其中应用最多的为凝聚剂和絮凝剂,在实际生产中,考虑药剂成本和工艺流程等因素后,得出采用絮凝沉降法处理煤泥水能够产生可观的经济效益。

　　凝聚剂主要包括无机高分子凝聚剂和有机高分子凝聚剂,一般包括聚合铝盐、铁盐等,其作用原理为凝聚剂遇水发生水解反应,产生带电荷离子与煤泥颗粒表面所带电荷进行中和,压缩颗粒表面的双电层,使煤以及黏土矿物表面的Zeta电位减小,增加颗粒间趋于聚集的作用力,提高煤泥水的絮凝沉降效果。絮凝剂主要为无机絮凝剂和有机絮凝剂,目前实际生产中使用较多的是聚丙烯酰胺,其具体可分为阴离子型、阳离子型和非离子型,作用原理与凝聚剂基本一致,同样是通过压缩双电层,重点在于絮凝剂的添加可以使煤泥水中悬浮微粒的结构失去稳定性,增强颗粒间相互聚集效应,所形成的链状或片状絮团体积不断增大,最后形成絮凝体,其沉降效果更佳。就目前的煤泥水处理系统而言,一般只有采用适当的絮凝或凝聚技术,即添加高效的絮凝剂或凝聚剂,否则很难经济、有效地实现煤泥水的闭路循环,满足环境保护对煤泥水处理的要求。

3.1　无机凝聚剂沉降特性研究

　　煤泥水体系中含有大量的微细固体颗粒,多数颗粒表面带有负电荷,以分散状态的胶体悬浮在煤泥水中。导致煤泥水沉降效果差的根本原因是溶液体系中的煤泥颗粒之间存在较大的排斥力,颗粒表面电位越高,会加剧排斥分离的作用趋势,整个煤泥水体系的固液存在状态稳定性更好。另一方面,煤泥颗粒表面附着一层水化膜,药剂与颗粒表面的接触反应受到阻碍,须打破这层水化膜才能改善药剂与煤泥颗粒的接触,相应的颗粒表面电位得到消除或减弱,有利于煤泥水絮凝沉降[114]。煤泥水体系的电位对其处理效果有着较大的影响,当电位较大时,煤泥水体系的稳定性好。因此,选择凝聚剂的原因是其能够破坏煤泥水溶液的胶体稳定性,有效降低煤泥颗粒表面的电位。另外,凝聚剂的选择还要结合生产实际,要同时满足技术要求、经济成本等条件。由于煤泥水中的煤泥颗粒带有较强的负电荷,需要加入带有正电荷的药剂对其进行表面电性中和,通常此药剂选择凝聚剂。其作用机理是该类聚合物的结构中含有大量带正电荷的离子,能够与煤泥颗粒表面进行电中和,增强双电层的压缩效果,可以有效地改善煤泥颗粒物沉降[115-116]。

　　试验选取聚合铝(PAC)、聚合硫酸铁、硫酸铝钾、氯化钙,配制成浓度为 2% 的溶液,煤泥水溶液的 pH 值呈中性,考察不同凝聚剂对煤泥水沉降效果的影响,配制煤泥水浓度为 40 g/L,进行药剂不同用量试验,结果如图 3-1、图 3-2 所示。

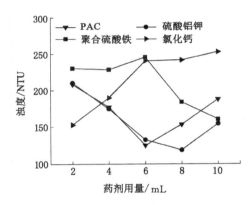

图 3-1　不同无机药剂用量对煤泥水浊度的影响

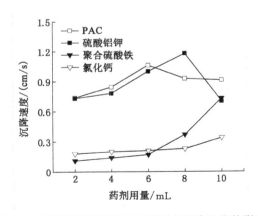

图 3-2　不同无机药剂用量对煤泥水沉降速度的影响

从图 3-1 和图 3-2 中可以看出,随着各药剂添加量的增加,煤泥絮团的沉降速度总体在加快,对比上清液浊度的变化,凝聚剂 PAC 呈先降低后增加的趋势,药剂量为 6 mL 时,沉降速度为 1.06 cm/s 时,上清液的浊度最低为 129.36 NTU,煤泥水絮团沉降在 8 min 完成;硫酸铝钾药剂量为 8 mL 时,沉降速度为 1.18 cm/s 时,上清液的浊度最低为 118.56 NTU;聚合硫酸铁药剂量为 8 mL 时,沉降速度为 0.37 cm/s 时,上清液的浊度最低为 183.68 NTU;氯化钙药剂用量为 6 mL 时,沉降速度为 0.21 cm/s 时,上清液的浊度最低为 228.5 NTU。分析可知在相同药剂量添加下,PAC 的上清液浊度比其他几种药剂低,而且沉降完成时间最短,表明聚合铝对悬浮液中微细粒子的作用效果最为明显。这是因为 PAC 对胶体及颗粒物具有高度电中和和桥连作用,PAC 电离水解后,对于胶体颗粒所带的负电荷可以瞬间产生电中和作用、吸附架桥作用及沉淀物网捕等作用,使煤泥水中微细悬浮粒子和胶体离子脱稳,进而凝聚沉淀,达到净化煤泥水的目的[117]。

另外利用体视镜观测放大 25 倍下 PAC 药剂用量为 6 mL 时,絮凝煤泥水时所产生絮团形貌如图 3-3 所示。

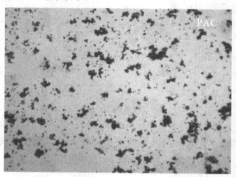

图 3-3　PAC 絮凝煤泥时形成絮团形貌图

从图 3-3 中可以看出,煤泥水中的微细颗粒呈较大聚团颗粒,可观察到聚团较为压实,这是因为 PAC 在中性溶液中电解产生带正电的离子,而且能形成水合氧化物这种络合大分子,这就使得 PAC 不仅可以中和颗粒表面所带负电荷,减小了颗粒间的相互斥力,降低了表面的电动电位,还可压缩颗粒双电层,进而聚集成团发生沉降。结合试验过程可知,PAC 的絮凝沉降时间最短,上清液浊度最低,而且当煤泥水中的微细颗粒较多时,颗粒的比表面积较大,使得颗粒的沉降速度下降,沉降时间加长,絮凝沉降效果不好。

另外,由于 PAC 在煤泥水中水解会形成络合物,这种络合物是具有一定长链的聚合物,这种聚合物有很强的吸附颗粒的能力,也能同时吸附两个或两个以上微细颗粒,能形成相互黏结的长链凝聚体,这是在其表面通过静电引力、范德瓦耳斯引力和分子间的氢键或其他物理、化学吸附的共同作用,吸附水中的悬浮物及胶体颗粒。随着 PAC 用量的增加,絮凝沉降效果逐渐明显,但是,当 PAC 投量过多时,不利于悬浮颗粒物间的凝聚作用,絮体体积减小且结构稳定性较差,沉降速度变慢,絮团高度增加。

结合试验结果综合分析,选取 PAC 作为常用凝聚剂是较为理想的。

3.2　有机高分子絮凝剂沉降特性研究

在选煤厂煤泥水处理过程中使用合成高分子絮凝剂中的聚丙烯酰胺(PAM)效果最佳[61],被广泛应用于煤泥水处理过程。试验选取絮凝剂阴离子聚丙烯酰胺(APAM)、阳离子聚丙烯酰胺(CPAM)和非离子聚丙烯酰胺(NPAM)(相对分子质量为 1 200 万)三种药剂,配制浓度为 0.1%,考察不同种类絮凝剂对煤泥水沉降效果的影响,煤泥水浓度为 40 g/L,进行不同用量条件下对煤泥水絮凝沉降效果的影响,结果如图 3-4 和图 3-5 所示。

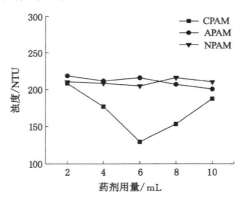

图 3-4　不同有机高分子药剂用量对煤泥水沉降速度的影响

从图 3-4 和图 3-5 可知,在煤泥水中分别加入 CPAM 溶液、APAM 溶液和 NPAM 溶液后,煤泥水在药剂作用下发生絮凝沉降,当药剂用量都为 6 mL 时,APAM 的浊度为 215.68 NTU、CPAM 的浊度为 129.36 NTU、NPAM 的浊度为 204.56 NTU,表明单独使用 PAM,絮凝沉降完成后的澄清液浊度均比同药剂量的 PAC 溶液浓度高,原因是絮凝剂在絮凝沉降过程中对较细颗粒作用甚微,高分子絮凝剂的长链结构在煤泥水中形成具有吸附活性的基团,从而发生吸附架桥、网捕卷扫作用,将较大的颗粒吸附形成絮团沉降。然而细粒对 PAM 长

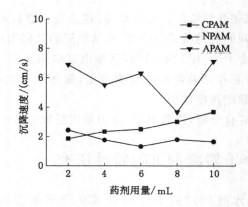

图 3-5　不同有机高分子药剂用量对煤泥水浊度的影响

链分子的吸附作用较弱。此外,由于 PAM 处理煤泥水时,体系中的固体颗粒表面电性不会发生改变,导致无法实现絮凝过程,所以单独使用絮凝剂无法满足实际工业生产的需求,通常需要添加凝聚剂进行联合使用,才能从根本上解决煤泥水沉降效果差的问题[118]。

对比以上三种絮凝剂的效果分析,虽然 CPAM 处理后的上清液浊度较低,但沉降速度较慢且成本较高,因此工业上一般不常用。综合 NPAN 和 APAM,药剂用量相同,上清液的浊度相差不大,APAM 的沉降速度快,通常选用 APAM 进行絮凝沉降试验。

3.3　药剂联合沉降煤泥水优化试验

为验证常用凝聚剂和絮凝剂联合用药对煤泥水沉降效果的影响,本节选取某选煤厂实际生产过程产生的煤泥水样进行絮凝沉降试验[119]。试验先将 PAM 用量固定,根据 PAM 单因素影响试验研究和现场 PAM 用量,配制浓度为 0.2％的 PAM 溶液并确定药剂添加量为 4 mL。PAC 用量对煤泥水絮凝沉降效果的影响如图 3-6 所示。从图 3-6 可以看出,在 4 mL 有机絮凝剂 PAM 用量条件下,随着无机凝聚剂 PAC 用量变化,沉降速度曲线呈先降低后增加趋势,但是变化范围较小。无机药剂用量对于澄清液的浊度影响较大,对比加入药剂前后澄清液的浊度,未加无机药剂时的澄清液浊度最高超过了 200 NTU,加入无机药剂后的澄清液浊度最低 10NTU 以下。发现当加药量小于 12 mL 后,澄清液浊度明显增加,絮凝沉降效果变差。因此,综合考虑,确定 PAC 用量为 12 mL。

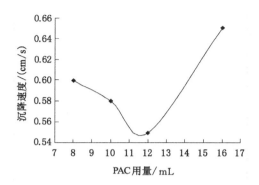

图 3-6　PAC 用量对煤泥水絮凝效果的影响

　　基于 PAC 用量的试验结果,优化 PAM 沉降试验的药剂用量。在无机凝聚剂 PAC 用量为 12 mL 时,PAM 用量对絮凝速度的影响如图 3-7 所示。

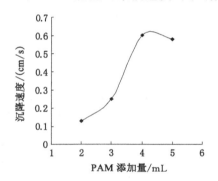

图 3-7　PAM 用量对煤泥水絮凝效果的影响

　　从图 3-7 可以看出,随着 PAM 添加量的增加,沉降速度快速增大,当 PAM 量增加到一定程度时,沉降速度减缓降低。这是由于 PAM 用量增加,絮团形成速度加快,从而导致沉降速度增加。随着 PAM 用量超过临界用量后,絮团过于松散,絮团沉降过程中受液流干扰,沉降速度反而降低。因此,综合考虑,确定 PAM 用量为 4 mL。通过对比两种药剂对于澄清液浊度的影响,可以发现有机药剂对于澄清液浊度的影响小于无机药剂的影响。利用 PAM 架桥作用和网捕卷扫作用,使得煤泥相互聚集成大絮团而自然沉降,从而使煤泥水得到净化回收再利用。

　　煤泥水处理是选煤厂中一个重要的工艺环节,其沉降性能好坏直接影响煤炭的分选效率,尤其是对于细粒煤的分选效率,如在浮选环节中。当处理效果不佳时,可能会导致整个分选系统瘫痪。影响煤泥水絮凝沉降的因素很多,如pH值、药剂制度及煤泥水的性质。其中煤中的细泥含量越多,沉降就越难,絮凝效果就越不好。为实现良好的絮凝效果,向煤泥水中加入凝聚剂和絮凝剂是必要的,以找到最佳的处理方法和用量,使煤泥水变得清澈。在煤泥水中加入无机凝聚剂 PAC 时,它以胶体和 Al^{3+} 形式存在于悬浮液中,这不仅可压缩颗粒表面双电层,中和颗粒表面所带负电荷,而且胶体具有吸附能力,能同时吸附两个或两个以上的颗粒,使其成团,进而实现更好的沉降和凝聚效果。有机絮凝剂 PAM 是具有一定线形长度的高分子聚合物,无论悬浮液颗粒表面荷电状况如何、势叠多大,只要链上的活性基团在颗粒表面有能吸附的官能团或吸附活性,便可吸附多个微粒,从而引起颗粒聚集,形成絮团,发生沉降。二者混合使用可以提高澄清水质量,降低用药成本,极大程度改善了絮凝效果。

在煤泥水加药絮凝后形成絮团并开始沉降时,采用小勺捞取絮团样品进行采样,将采集的絮团试样立即置于表面皿中用体视镜观察。图 3-8 是和图 3-9 是加入 PAC 前后煤泥水形成的絮团情况。

图 3-8　加入 PAC 前絮凝煤泥水形成的絮团

从图 3-8 中可以看出,不加 PAC 时,水体中遍布微小絮团和游离细颗粒,导致煤泥水絮凝时的澄清液浊度较大,浊度为 100～200 NTU,透光率低。当煤泥水存放超过 48 h 以后,由于过量超细煤泥形成的稳态胶体影响,澄清水浊度变得更大。图 3-9 是加入 PAC 时形成的絮团情况。PAC 的加入,使得微细颗粒之间的电性减小,颗粒间能够相互聚团,而 PAM 的架桥作用使得颗粒团聚的程度增加,絮凝效果显著提升,煤泥水絮凝时的澄清液浊度较低,浊度为 10～20 NTU,从图 3-9 可以看出,澄清液的透光率较好。

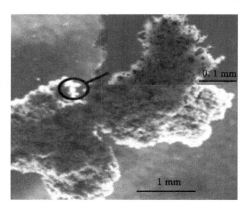

图 3-9　加入 PAC 后絮凝煤泥水形成的絮团

3.4　本章小结

（1）采用无机药剂对煤泥水进行絮凝沉降，当添加相同剂量时，PAC 处理后的上清液浊度比其他几种药剂低，而且沉降完成时间最短，表明 PAC 对悬浮液中微细粒子的作用效果最为明显。当 PAC 药剂用量为 6 mL 时，沉降速度为 1.06 cm/s 时，上清液的浊度最低为 129.36 NTU，煤泥水絮团沉降在 8 min 完成。

（2）采用有机高分子絮凝剂对煤泥水进行絮凝沉降，在相同药剂用量都为 6 mL 时，APAM、CPAM 和 NPAM 处理煤泥水后上清液的浊度分别为 215.68 NTU、129.36 NTU、204.56 NTU，对比这三种絮凝药剂絮凝结果，CPAM 沉降后上清液的浊度虽然较小，但沉降速度较慢且用药成本较高，因此工业上一般不常用。综合 CPAM 和 NPAM，药剂用量相同，上清液的浊度相差不大，APAM 的沉降速度快，通常选用 APAM 进行絮凝沉降试验。

（3）对于煤泥粒度组成较细的煤泥水，将 PAC 和 PAM 联合使用，煤泥水的处理效果较好，煤泥水处理用药量得到优化，澄清液的浊度较低，具有较好的絮凝沉降特性。

第4章 新型高分子聚合物絮凝剂制备

本章进行了引发剂的筛选,并通过单因素试验及正交试验,考察了各因素对接枝共聚反应的影响,确定了最佳合成条件。并对制备的新型高分子聚合物絮凝剂的结构及性能进行表征评价。

4.1 非离子型淀粉接枝丙烯酰胺絮凝剂制备

4.1.1 引言

近些年以淀粉、壳聚糖、纤维素等高分子生物资源作为原材料,通过一系列处理方法获得的天然高分子絮凝剂得到了广泛关注。其中天然淀粉作为一种来源丰富且廉价的多糖生物聚合物,由于它不溶于水且有形成不稳定凝胶和糊状物的亲和力,近年来在水处理、尾矿处理等领域受到了越来越多的关注[120]。虽然淀粉水解后会产生很多极性基团,产生的羧基和羟基能吸附胶粒,有一定的絮凝效果,但淀粉在实际使用中有许多缺陷,包括相对分子质量小,水溶性差,带电性不足,因此需要进行适当改性以获得特定的性能[121-122]。在淀粉接枝过程中,不同的合成方法,不同的引发体系,甚至不同的原材料均会对接枝率、接枝效率与单体转化率产生巨大影响,这又进一步影响改性絮凝剂的絮凝效果。在接枝过程中,目前常用的合成方法有水溶液聚合法、乳液聚合法、辐射聚合法等[123-128];常用的引发体系有铈(Ce^{4+})及铈盐引发体系、过氧化氢引发体系、过硫酸盐引发体系、高锰酸钾引发体系等。试验中所使用的淀粉原料也有很多,比如玉米淀粉、木薯淀粉、马铃薯淀粉、山药淀粉等,但现在研究者们更偏向使用的是变性淀粉,因为淀粉是否糊化对接枝效果也有一定影响[129]。羟丙基淀粉是食品工业中应用最为广泛的一类变性淀粉,引进一定数量的羟丙基至淀粉分子上,会使得淀粉糊的性质发生有效的改善,提供非常好的快速增稠能力。尽管关于淀粉接枝聚丙烯酰胺过程参数已有研究,但是对羟丙基淀粉接枝丙烯酰胺过程的系统研究仍然不足。因此本节以羟丙基淀粉与丙烯酰胺单体为原材料,利用自建的絮凝药剂制备试验平台进行接枝合成改性试验[130],采用水溶液聚合法以硝酸铈铵为引发剂制备羟丙基淀粉接枝丙烯酰胺絮凝剂(HPS-AM),通过扫描电镜、红外光谱、X 射线衍射和差示扫描量热等方法对接枝产物进行表征，进一步证实了接枝共聚物的存在[96,131]。

4.1.2　试验材料与方法

4.1.2.1　试验药剂

羟丙基淀粉(食品级,河南久兴食品添加剂有限公司),丙烯酰胺(分析纯,天津市科密欧化学试剂有限公司),硝酸铈铵[分析纯,福晨(天津)化学试剂有限公司],过硫酸钾(分析纯,天津市巴斯夫化工贸易有限公司),无水亚硫酸氢钠(分析纯,天津市科密欧化学试剂有限公司),高锰酸钾(分析纯,天津市化学试剂一厂),硝酸(分析纯,哈尔滨试剂化工厂),无水乙醇(分析纯,天津新技术产业园区科茂化学试剂有限公司),丙酮(分析纯,天津市化学试剂三厂)。

4.1.2.2　试验方法

羟丙基淀粉接枝丙烯酰胺絮凝剂的制备主要经过羟丙基淀粉的预处理、羟丙基淀粉接枝丙烯酰胺共聚反应、羟丙基淀粉接枝丙烯酰胺絮凝剂的提纯三个阶段,具体制备方法及过程如下所述。

1. 羟丙基淀粉的预处理

称取一定量羟丙基淀粉放入 250 mL 的三口烧瓶中,将其放入集热式恒温加热磁力搅拌器中(一口装氮气管、一口装冷凝管、一口装温度计)[132],通入氮气时间 5 min 后,打开集热式恒温加热磁力搅拌器,将温度升至 80 ℃,糊化淀粉 1 h 后,将其冷却至反应温度 50～70 ℃。

2. 羟丙基淀粉接枝丙烯酰胺粗产品制备

在糊化降温的羟丙基淀粉中加入相应的引发剂,通入氮气,搅拌 1 min,将称量好的丙烯酰胺加入三口烧瓶中,反应持续一定时间后结束并冷却,关闭集热式恒温加热磁力搅拌器,得到胶体状粗产物。

3. 粗产品提纯

采用索氏提取器对粗产品进行提纯分离,将粗产品老化 12 h 后,用无水乙醇洗涤,当没有白色黏稠物产生时停止洗涤,得到白色黏稠物为接枝粗产品。由于此产物中还含有均聚物,需要进一步分离提纯,故将接枝后的粗产品进行粉碎,用无灰滤纸包好,用丙酮作为回流液,在索氏提取器中提取 12 h 以去除其中含有的共聚物,并在电热恒温鼓风干燥箱(50 ℃)中对得到的产品进行干燥,称量得到羟丙基淀粉接枝丙烯酰胺精产品。

羟丙基淀粉接枝丙烯酰胺絮凝剂制备路线如图 4-1 所示。

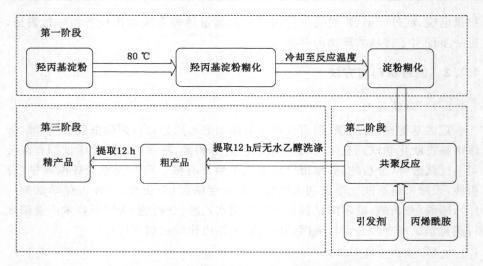

图 4-1　羟丙基淀粉接枝丙烯酰胺絮凝剂制备路线图

4.1.2.3　分析方法

1. 红外光谱法

红外光谱法,又称红外分光光度分析法,是一种分子吸收光谱技术,通过不同的物质会选择性吸收红外光区的辐射,用于结构分析。应用红外光实际照射相关有机物的过程中,分子吸收红外光会产生特殊的能级跃迁现象,导致不同化学键或者官能团的吸收频率各不相同。各个有机物分子仅仅吸纳与其分子振动和转动频率相协调的红外光谱,所获取的红外吸收光谱,通常可缩写成红外光谱"IR"。通过红外光谱分析,可对物质进行定性分析[57]。

分别称量 1 mg 羟丙基淀粉、丙烯酰胺、羟丙基淀粉接枝丙烯酰胺絮凝剂,放入研钵中,再加入 100 mg 溴化钾细磨至 2 μm 以下,再通过挤压制成透明的薄片,置傅立叶红外光谱仪(MR304,ABB BOMEM)进行红外光谱测定。

2. X 衍射分析法

X 衍射分析法依靠晶体产生 X 射线衍射,对物质开展内部原子在空间分布状况的结构分析[60]。将具备特定波长的 X 射线照射于相应结晶性物质之上,因为在结晶内部原子或离子的有序排列,产生散射的变化[61],散射 X 射线在一些方位的相位会有所强化,借助该方式展示和结晶结构对应衍射现象。

将样品粉末过 200 网目筛后,压片制样,采用德国 Bruker 制造的 X 射线衍射光谱分析仪,仪器工作条件为:测试电压和电流分别为 40 kV 和 40 mA,靶材为 Cu,连续扫描速度 2°/min,采样间隔 0.02°,衍射角度为 0°～50°。

3. 扫描电镜法

扫描电镜法是常见的一种在微观尺度上观测化合物的表层形态与形貌的分析方法[63]。它通过高能电子束轰击待测化合物表面,利用不同反射光束产生的电子信号被探测器接收,经放大器传输至电脑显示屏,实现对物质信息的实时记录[64]。

将羟丙基淀粉、丙烯酰胺、羟丙基淀粉接枝丙烯酰胺絮凝剂研磨后进行镀金处理,在扫描电镜(PW-100-516)下放大 1 000 倍观察其形貌。

4. 热重分析法

热重分析法是一种在程序控制温度下测量物质质量与温度或时间关系的方法。通过分析热重曲线,可以了解样品及其可能产生的中间产物的组成、热稳定性、热分解情况以及生成的产物等与质量相关的信息[66]。

5. 黏度测定法

黏度是流体黏滞性的一种量度,是流体流动力对其内部摩擦现象的一种表示。黏度的大小反映了流体的内摩擦力大小,与相对分子质量成正比。因此,可以通过测量黏度来比较接枝产物的相对分子质量。目前关于羟丙基淀粉与丙烯酰胺接枝共聚物的相对分子质量测定,在国内外文献中尚未有严格和统一的规定。通常是将羟丙基淀粉、羟丙基淀粉接枝丙烯酰胺絮凝剂、聚丙烯酰胺配置成质量分数为 1% 的溶液,然后在相同温度下搅拌 30 min,最后使用 NDJ-5S 数显旋转黏度计进行黏度测试,确保测量时溶液温度一致。

4.1.2.4 接枝率、接枝效率与单体转化率的测定

因为淀粉接枝共聚物产物中可能含有杂质,比如未参加反应的淀粉、丙烯酰胺、引发剂,还有丙烯酰胺之间发生均聚反应产生的聚丙烯酰胺。因此,通过有效的分离提纯去除这些物质是试验不可缺少的步骤,也是定量分析不可或缺的。单体转化率 $C(\%)$、接枝率 $G(\%)$、接枝效率 $GE(\%)$ 的测定需要通过去除这些物质后再定量分析,才能够真实地反映单体在淀粉上的接枝情况[125],为接枝效果提供依据。单体转化率、接枝率、接枝效率的计算公式如下:

单体转化率:
$$C = \frac{W_1 - W_0}{W_n} \times 100 \tag{4-1}$$

接枝率:
$$G = \frac{W_2 - W_0}{W_0} \times 100 \tag{4-2}$$

接枝效率:
$$GE = \frac{W_2}{W_1} \times 100 \tag{4-3}$$

式中　W_0——淀粉质量,g;

　　　W_1——粗产品质量,g;

W_2——精产品质量,g;

W_n——单体质量,g。

4.1.3 羟丙基淀粉接枝丙烯酰胺絮凝剂制备试验研究

4.1.3.1 引发体系筛选

接枝反应过程中,发生接枝反应的单体对引发剂存在极强的选择性,所以羟丙基淀粉与丙烯酰胺发生的接枝共聚反应效果,会因引发剂的不同产生较大差异。试验以硝酸铈铵、高锰酸钾、过硫酸钾、过硫酸钾-无水亚硫酸氢钠复合引发剂为研究对象,探究这四种不同引发剂对接枝反应的接枝率、接枝效率以及单体转化率等构成的综合影响,在四种不同引发剂中筛选获得最优接枝效果的引发剂。

1. 硝酸铈铵引发剂

硝酸铈铵是铈盐引发体系中最常用的引发剂。硝酸铈铵溶于水且在溶液中能够电离出 Ce^{4+},能和淀粉中所含的 C_2 羟基以及 C_3 羟基形成络合物。在高温条件下,Ce^{4+} 具有强氧化性,导致 C_2 和 C_3 的碳碳双键断裂后一个羧基被氧化成羰基,另一个碳原子形成了淀粉自由基,同时 Ce^{4+} 由于发生氧化还原反应而被还原成 Ce^{3+},最终淀粉自由基与丙烯酰胺单体发生聚合反应。

根据大量探索性试验结果,选择较优试验条件进行试验。称取约 1.5 g 淀粉放入上述三口烧瓶中,加入 150 mL 蒸馏水,置于集热式恒温加热磁力搅拌器中(温度为 80 ℃),通入氮气条件下糊化 1 h,加入硝酸铈铵搅拌 1 min,加入丙烯酰胺单体 4.5 g。55 ℃恒温反应 2 h。改变引发剂用量,对产物进行冷却、洗涤、干燥、破碎、称量、提纯等一系列操作,得到相应的接枝率、接枝效率及单体转化率,试验结果如图 4-2 所示。

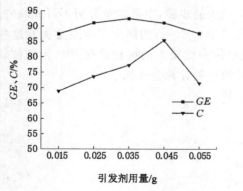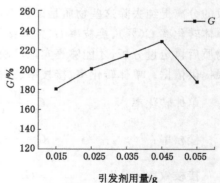

图 4-2 硝酸铈铵引发剂接枝共聚反应结果

从图 4-2 中可以看出,当引发剂用量为 0.045 g 时,接枝率、接枝效率和单体转化率均最高,分别为 228.571%、91.029% 和 85.349%。

2. 高锰酸钾引发剂

高锰酸钾是锰盐引发体系中具有代表性的引发剂。高锰酸钾引发机理与硝酸铈铵十分相似,高锰酸钾是强氧化剂,能够将部分淀粉上羟基氧化成醛基,醛基化学性质极不稳定易发生重排形成烯醇,与三价锰离子、四价锰离子生成淀粉自由基。反应时通常需要加入适量的硝酸、柠檬酸、草酸或硫酸等酸类物质作为催化剂,目的是加速反应的进行。

根据探索性试验结果,选择较优试验条件进行试验。在上述试验方法和条件不变的情况下,改变所用引发剂,使用硝酸以及高锰酸钾,得到相应接枝率、接枝效率、单体转化率,试验结果如图 4-3 所示。

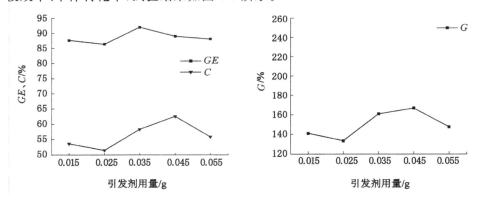

图 4-3　高锰酸钾引发剂接枝共聚反应结果

从图 4-3 中可以看出,当引发剂用量为 0.045 g 时,接枝率和单体转化率均最高,分别为 166.733% 和 62.489%,接枝效率有所下降,为 88.940%。

3. 过硫酸钾引发剂

过硫酸盐引发剂是最早使用的引发体系之一。现阶段,常见的有过硫酸钾和过硫酸铵。

过硫酸钾作为引发剂,其引发过程中发生如下反应:

$$S_2O_8^{2-} \longrightarrow 2SO_4^-$$

$$SO_4^- + H_2O \longrightarrow HSO_4^- + HO\cdot$$

SO_4^- 和 HO· 引发淀粉均裂氧化产生淀粉自由基[44]最终与丙烯酰胺单体发生接枝聚合反应。根据探索性试验结果,选择较优试验条件进行试验。在上述试验方法和条件不变的情况下,改变所用引发剂,使用过硫酸钾,得到相应接枝率、接枝效率和单体转化率,试验结果如图 4-4 所示。

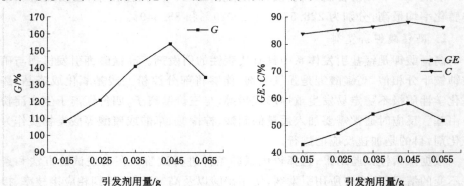

图 4-4 过硫酸钾引发剂接枝共聚反应结果

从图 4-4 中可以看出,当引发剂用量为 0.045 g 时,接枝率、接枝效率和单体转化率均最高,分别为 154.130％、88.143％和 58.289％。

4. 过硫酸钾-无水亚硫酸氢钠复合引发剂

过硫酸盐的氧化性比铈盐的氧化性弱,因此使用过硫酸钾作为引发剂时反应条件更加苛刻,反应温度高、反应速度慢、反应时间长。但是该试验条件有利于控制,可广泛用于生产过程中,此外过硫酸钾还可以与无水亚硫酸氢钠形成氧化还原引发体系来提高引发性能。

根据探索性试验结果,选择较优试验条件进行试验。改变所用引发剂,使用过硫酸钾-无水亚硫酸氢钠。在上述试验方法和条件不变的情况下,得到相应接枝率、接枝效率、单体转化率,试验结果如图 4-5 所示。

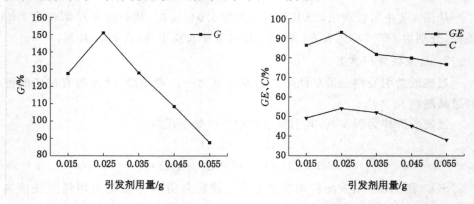

图 4-5 过硫酸钾-无水亚硫酸氢钠引发剂接枝共聚反应结果

从图 4-5 中可以看出,当引发剂用量为 0.025 g 时,接枝率、接枝效率和单体转化率均比较高,接枝效果较好。当引发剂量增加到 0.045 g 时,接枝率、接枝效率和单体转化率均下降。

结合图 4-2～图 4-5 分析结果可知,硝酸铈铵作为引发剂,在相同条件下接枝率、接枝效率、单体转化率相对较高,进一步说明硝酸铈铵更有利于接枝反应。用四种不同引发剂在反应温度 55 ℃、反应时间 2 h、羟丙基淀粉与丙烯酰胺质量比为 1∶3 条件下进行检验试验,并测量其黏度。试验结果如表 4-1 所示。

表 4-1　不同引发剂接枝共聚反应结果

引发剂类型	粗产品质量/g	精产品质量/g	接枝率/%	接枝效率/%	单体转化/%	黏度/(mPa·s)
硝酸铈铵	4.977	4.713	214.200	92.407	77.267	846
高锰酸钾	4.117	3.914	160.933	92.243	58.156	649
过硫酸钾	3.942	3.624	141.600	86.978	54.267	565
复合引发剂①	3.831	3.401	126.733	81.553	51.800	476

注:①为过硫酸钾与无水亚硫酸氢钠氧化还原引发剂。

由表 4-1 试验数据综合分析可知,不同引发剂的引发效果排序为:硝酸铈铵＞高锰酸钾＞过硫酸钾＞过硫酸钾-无水亚硫酸氢钠。效果最佳的引发剂硝酸铈铵黏度高达 846 mPa·s。试验结果表明硝酸铈铵作为引发剂制备的羟丙基淀粉共聚物相对分子质量高,进一步说明硝酸铈铵是羟丙基淀粉接枝丙烯酰胺絮凝剂制备试验的最佳引发剂。

4.1.3.2　试验用淀粉的选择

淀粉具有资源丰富、易获取、价格低廉、可降解、应用广泛等优点,属于可循环再生资源,但淀粉的力学性能较差、在水中的分散性能低、脱水缩合易糊化等特性一定程度上限制了其应用范围。我国工业粮食生产常用的淀粉种类繁多,有大豆淀粉、木薯淀粉、玉米淀粉、马铃薯淀粉等多种淀粉,可通过物理、化学、生物等手段对普通淀粉进行修饰改性来提高某些性能。

本节运用玉米淀粉进行改性后的羟丙基淀粉、普通玉米淀粉以及马铃薯淀粉与丙烯酰胺进行接枝共聚反应。试验结果如图 4-6 所示。

由图 4-6(a)可知,当硝酸铈铵用量低于 0.040 g 时,玉米淀粉进行接枝反应的接枝率优于马铃薯淀粉。而玉米淀粉进行改性后的羟丙基淀粉进行接枝反应的接枝率在任何硝酸铈铵用量下都优于两种普通淀粉。由图 4-6(b)可知,玉米淀粉进行改性后的羟丙基淀粉进行接枝反应的接枝效率在任何硝酸

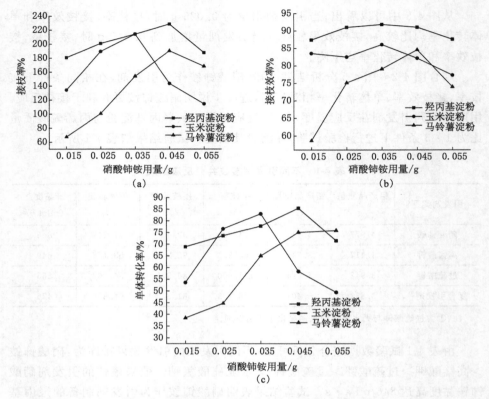

图 4-6　不同淀粉与丙烯酰胺接枝共聚反应效果

铈铵用量下都优于其余两种普通淀粉。由图 4-6(c)可知,玉米淀粉进行改性后的羟丙基淀粉进行接枝反应的单体转化率在硝酸铈铵用量为 0.025 g 和 0.035 g 时略小于玉米淀粉以及 0.055 g 时小于马铃薯淀粉,但在其余用量情况下羟丙基淀粉的单体转化率都远大于其余两种普通淀粉。综合上述分析可知,羟丙基淀粉进行接枝反应的效果优于其余两种普通淀粉。以下试验选用羟丙基淀粉进行。

4.1.3.3　试验结果与讨论

试验选用淀粉原料为羟丙基淀粉,引发剂为硝酸铈铵,利用单因素试验研究引发剂用量、反应时间、反应温度以及合成原料质量比对接枝反应的影响,采用正交试验分析确定水溶液聚合法合成淀粉絮凝剂的最佳工艺条件。

1. 正交试验分析

通过单因素试验结果分析,上述四个因素对接枝率、接枝效率都有显著的影响,所以将上述四个因素视为正交试验所探究的因素。本节采用四因素四水平正交表,如表 4-2 所示,最终确定 16 组试验。以接枝率、接枝效率作为接枝效果的评价指标,试验结果见表 4-3～表 4-4。

表 4-2　水溶液聚合法正交试验因子水平表

| 水平 | A | B | C | D |
	引发剂用量/g	反应时间/h	羟丙基淀粉与丙烯酰胺质量比	反应温度/℃
1	0.015	1	1∶1	55
2	0.025	2	1∶2	60
3	0.035	3	1∶3	65
4	0.045	4	1∶4	70

表 4-3　水溶液聚合法正交试验结果

序号\因素	A 引发剂用量/g	B 反应时间/h	C 羟丙基淀粉与丙烯酰胺质量比	D 温度/℃	接枝率/%	接枝效率/%
1	0.015	1	1∶1	55	14.33	52.18
2	0.015	2	1∶2	60	86.29	72.01
3	0.015	3	1∶3	65	180.80	83.29
4	0.015	4	1∶4	70	174.80	60.99
5	0.025	1	1∶2	65	82.12	67.10
6	0.025	2	1∶1	70	34.13	62.67
7	0.025	3	1∶4	55	184.40	63.48
8	0.025	4	1∶3	60	191.87	86.90
9	0.035	1	1∶3	70	193.33	82.69
10	0.035	2	1∶4	65	201.33	73.44
11	0.035	3	1∶1	60	30.40	49.84
12	0.035	4	1∶2	55	126.67	89.16
13	0.045	1	1∶4	60	206.67	67.33
14	0.045	2	1∶3	55	227.13	91.73
15	0.045	3	1∶2	70	114.33	81.67
16	0.045	4	1∶1	65	47.47	70.36

表 4-4　水溶液聚合法正交试验结果分析

结果 因素	A 引发剂用量/g	B 反应时间/h	C 羟丙基淀粉与丙烯酰胺质量比	D 温度/℃
接枝率平均值1	113.15	124.12	31.58	138.13
接枝率平均值2	123.13	136.32	101.45	127.90
接枝率平均值3	137.93	127.48	191.80	127.93
接枝率极差	35.75	12.20	166.70	10.23
接枝效率平均值1	67.12	67.33	58.76	74.14
接枝效率平均值2	70.04	74.96	77.48	69.02
接枝效率平均值3	73.78	69.57	86.15	73.55
接枝效率平均值4	77.77	96.85	66.31	72.00
接枝效率极差	10.65	9.52	27.39	5.12

2. 以接枝率为评价指标的正交试验分析

由表 4-2～表 4-4 可以看出,试验较优的反应条件为 $A_4B_2C_3D_1$。从引发剂用量因素来看,引发剂用量为 0.045 g 时,接枝率最高;以反应时间因素来看,反应时间为 2 h 时,接枝率最高;以羟丙基淀粉与丙烯酰胺质量比因素来看,比值为 1：3 时,接枝率最高;以反应温度因素来看,温度达到 55 ℃时,接枝率最高。由极差分析可知,影响接枝率的因素主次顺序依次为:羟丙基淀粉与丙烯酰胺质量比＞引发剂用量＞反应时间＞反应温度。

3. 以接枝效率为评价指标的正交试验分析

由表 4-2～表 4-4 可知,以接枝效率为评定指标,其反应的较优条件为:羟丙基淀粉与丙烯酰胺质量比为 1：3、引发剂硝酸铈铵用量为 0.045 g、反应时间为 2 h、反应温度为 55 ℃。影响接枝效率的因素(以极差的大小为恒定标准)由大到小顺序依次是:羟丙基淀粉与丙烯酰胺质量比＞引发剂用量＞反应时间＞反应温度。

4. 接枝率和单体转化率的影响因素分析

(1) 引发剂用量对接枝共聚反应的影响

引发剂的用量会直接影响淀粉产生自由基的量,进一步影响羟丙基淀粉与丙烯酰胺接枝共聚的进度,因此探究引发剂用量对接枝反应的影响非常重要。在以下试验条件基础上探究引发剂用量对接枝共聚反应的影响。称取 1.5 g 的淀粉放入三口烧瓶中加入 150 mL 蒸馏水,加热至 80 ℃,使其糊化 1 h,糊化结束后调节温度至 60 ℃。加入不同剂量的硝酸铈铵,搅拌 1 min 后加入 4.5 g 的丙烯酰胺,恒定 60 ℃反应 2 h。反应过程中持续通入氮气。反应结束后通过冷却、洗涤、干燥、破碎、称量、提纯,得到相应的接枝率、接枝效率、单体转化率。试验结果如图 4-7 所示。

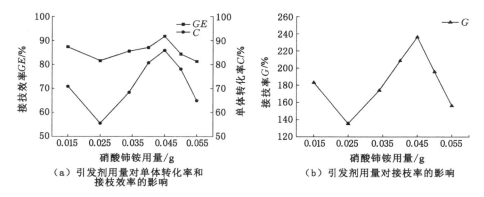

（a）引发剂用量对单体转化率和接枝效率的影响　　（b）引发剂用量对接枝率的影响

图 4-7　引发剂用量对接枝共聚反应的影响

由图 4-7 可见,引发剂投加量过小时,对应的单体转化率、接枝率及接枝效率较低,这是因为引发剂自由基在展开之前就发生反应,形成稳定分子,随着引发剂的不断消耗,可能导致接枝共聚反应无法进行或只能生成微量的接枝共聚物。随着引发剂用量的增加,自由基的生成速度加快,数量也相应增加,有利于促进接枝反应的进行,提高了其单体转化率、接枝率和接枝效率。当引发剂用量为 0.045 g 时,单体转化率、接枝率和接枝效率达到最大,对应的单体转化率、接枝率、接枝效率分别为 85.867%、236.333%、91.744%。当引发剂的量超过 0.045 g 时,会产生更多自由基加速反应,导致淀粉链上自由基的碰撞概率增加,最终导致链终止反应更加容易发生,使大量的淀粉还没有来得及参与链增长反应就终止了反应,因此降低了单体转化率、接枝率、接枝效率。

（2）反应温度对接枝共聚反应的影响

反应温度高低会影响引发剂的分解速度以及分解效率,进而影响羟丙基淀粉自由基的产生,最终导致接枝效果的不同。就反应动力学角度,反应温度会影响反应物的活性,故试验探究了反应温度对接枝共聚反应的影响。试验条件:硝酸铈铵 0.045 g、反应时间 2 h、丙烯酰胺 4.5 g,改变反应时间。在上述试验方法不变的情况下得到相应的接枝率、接枝效率、单体转化率。试验结果如图 4-8 所示。

由图 4-8 可知,温度低于 60 ℃时,随着温度的升高,接枝共聚物单体转化率、接枝率、接枝效率均不同程度提高。其原因一方面是因为温度升高引发剂的

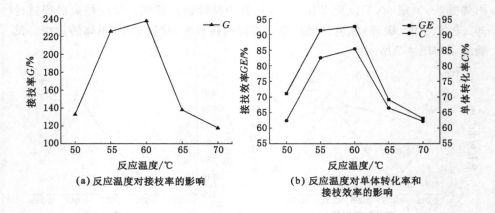

图 4-8　反应温度对接枝共聚反应的影响

分解速率增加,自由基浓度增加,促进链引发反应;另一方面是随着温度的升高,分子间的热运动加快,导致反应活性增加,使淀粉与引发剂的碰撞概率增加,从而利于接枝反应[133]。当温度到达 60 ℃时达到极值,对应的单体转化率、接枝率、接枝效率分别为 85.350%、237.000%、92.458%。当温度高于 60 ℃时,单体转化率、接枝率、接枝效率呈下降趋势。造成这一结果的原因主要是温度升高,导致链转移与链终止反应加剧,使其优势超过链增长反应,导致接枝反应提早终止,最终使单体转化率、接枝率、接枝效率下降[134]。

（3）接枝反应时间对接枝共聚反应的影响

引发剂引发羟丙基淀粉接枝丙烯酰胺属于自由基聚合反应,而自由基反应的时间决定了接枝聚合反应的进度,试验研究了不同反应时间对接枝效率的影响。试验条件:硝酸铈铵 0.045 g、反应温度 60 ℃、丙烯酰胺 4.5 g,改变反应温度。在上述试验方法不变的情况得到相应的接枝率、接枝效率、单体转化率。试验结果如图 4-9 所示。

由图 4-9 可知,随着反应时间的不断增加,接枝率、接枝效率呈先增后减的变化,在反应时间为 2 h 时达到极大值。在反应初期,随着反应时间的增加,引发剂引发的淀粉自由基增加,这有助于促进淀粉与丙烯酰胺的直接聚合反应,到达一定时间后,自由基的浓度达到极值,再随着反应时间继续增加,进行反应的自由基因浓度也随之减小。自由基的浓度有所降低,造成其与丙烯酰胺碰撞概率有所降低,而丙烯酰胺分子之间的碰撞概率有一定程度的增长,出现均聚反应的概率也会随之增长,这也会让接枝共聚反应遭遇显著的限制,这会让接枝效率与接枝率等参数有所下降[135-136]。

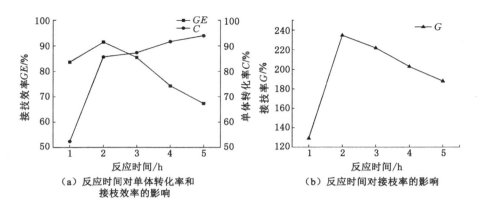

图 4-9　反应时间对接枝共聚反应的影响

（4）羟丙基淀粉与丙烯酰胺的质量比对接枝共聚反应的影响

羟丙基淀粉与丙烯酰胺的质量比会影响羟丙基淀粉自由基与丙烯酰胺单体碰撞的概率，进而影响接枝效果。以下试验探究了羟丙基淀粉与丙烯酰胺质量比对接枝反应的影响。试验条件：硝酸铈铵 0.045 g、反应温度 60 ℃、反应时间 2 h，改变羟丙基淀粉与丙烯酰胺质量比。在上述试验方法不变的情况下得到相应的接枝率、接枝效率、单体转化率，试验结果见图 4-10。

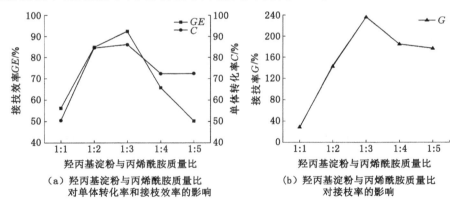

图 4-10　羟丙基淀粉与丙烯酰胺质量比对接枝共聚反应的影响

从图 4-10 可以看出，随着丙烯酰胺单体的增加，接枝反应的接枝率、接枝效率有着先增后减的变化。当羟丙基淀粉与丙烯酰胺质量比为 1∶3 时，接枝率（236.304%）、接枝效率（92.379%）、单体转化率（86.084%）达到极值。随着羟丙基淀粉与丙烯酰胺质量比持续增大超过 1∶3 时，接枝率和接枝效率均呈减小趋势。主要因为当加入的丙烯酰胺单体剂量低时，淀粉自由基浓度大，能满足羟丙基淀粉与丙烯酰胺发生聚合反应[137]。另外,随着丙烯酰胺单体用量的增加,羟丙基淀粉与丙烯酰胺发生聚合反应程度逐渐增强,反应的接枝率和接枝效率随之增加。当羟丙基淀粉与丙烯酰胺质量比大于1∶3时,羟丙基淀粉产生的自由基不能满足其与淀粉发生聚合反应,此时丙烯酰胺发生均聚反应的概率大于淀粉自由基聚合反应,因而使得羟丙基淀粉接枝丙烯酰胺共聚反应的接枝率、接枝效率以及单体转化率降低[138]。

综合以上分析结果,接枝率越大,接枝效率也相应较大。以不同指标研究获得的较优反应条件以及不同因素的影响接近,验证了正交试验获取的较优条件以及不同因素对接枝效果的影响大小的可靠性与精度。验证试验结果如表 4-5 所示。

表 4-5　水溶液聚合法正交试验验证结果及分析

试验编号	粗产品质量/g	精产品质量/g	接枝率/%	接枝效率/%
1	5.213	4.907	227.13	91.76
2	5.209	4.899	226.67	91.64
3	5.210	4.901	226.73	91.67
均值 K	5.211	4.900	226.84	91.69

由表 4-5 可知,重复试验验证在最优试验条件($A_4 B_2 C_3 D_1$)下进行制备,接枝效果最为理想,结合正交试验选定的工艺条件合理。

4.1.4　羟丙基淀粉接枝丙烯酰胺絮凝剂的合成理论依据

羟丙基淀粉接枝丙烯酰胺絮凝剂是由两个不相容的物质以主链与支链的化学键联结的。在反应过程中依据淀粉的活化中心不同,可以把接枝反应分为自由基接枝共聚和离子型接枝共聚。本试验在引发剂作用下发生反应,反应过程如图 4-11 所示。

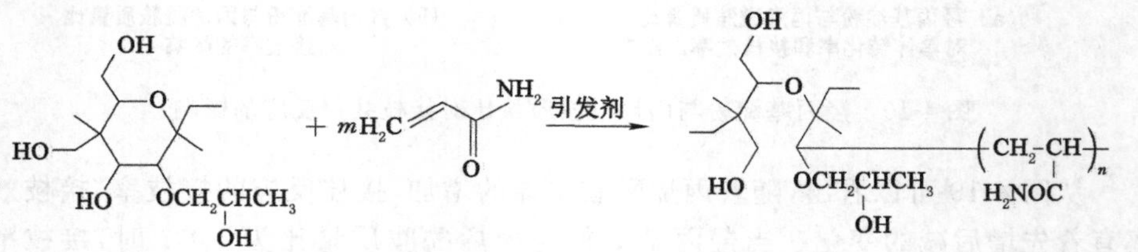

图 4-11　羟丙基淀粉接枝丙烯酰胺絮凝剂合成反应式

从反应机理来看,通过引发剂作用于羟丙基淀粉使其产生自由基与丙烯酰胺发生反应,因此该反应属于自由基型接枝共聚。从反应动力学的角度出发,自由基型接枝共聚是通过链引发、链增长以及链终止一系列反应来实现的。链引发是在引发剂的作用下使淀粉产生自由基,同时引起单体链的断裂。链增长反应发生在丙烯酰胺单体与淀粉上的自由基发生碰撞时,从而进行接枝反应,随着淀粉与丙烯酰胺单体不断碰撞,淀粉链上自由基也发生碰撞,导致淀粉自由基发生歧化及重合,这种现象就是链终止反应。接枝反应过程中伴随着一系列反应,引发剂活化淀粉自由基的能力、反应过程中链增长的长度和速度、单体的浓度等诸多方面都会影响接枝反应的进行。

4.1.5　表征分析

为探究羟丙基淀粉与丙烯酰胺是否发生接枝反应生成共聚物,采用傅立叶红外光谱仪、X射线衍射光谱仪、扫描电镜和热重分析仪对羟丙基淀粉接枝丙烯酰胺絮凝剂进行表征,分析共聚物的结构、结晶性、表面形貌和热性能等。

4.1.5.1　SEM分析

将羟丙基淀粉、丙烯酰胺及淀粉接枝丙烯酰胺絮凝剂纯样品进行电镜扫描(PW-100-516),其形貌特征如图4-12所示。

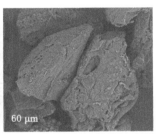

|　　　（a）羟丙基淀粉　　　　　|　　　（b）丙烯酰胺　　　　|（c）羟丙基淀粉接枝丙烯酰胺絮凝剂|

图4-12　扫描电镜照片

图4-12(a)所示为羟丙基淀粉颗粒,可清晰地看见羟丙基淀粉外观形状可分为正多角形、正长椭圆形、圆形。羟丙基淀粉颗粒表面平滑光洁,轮廓清晰,没有明显的凹陷凸起及细小空洞。图4-12(b)所示的是丙烯酰胺单体的电镜扫描图,从图中可以看出,其形状不规则,表面平滑完整。图4-12(c)所示的是羟丙基淀粉接枝丙烯酰胺絮凝剂的电镜扫描图,可以清晰地看到,表面出现大量的空洞,粗糙松散。原因在于该絮凝剂是由淀粉主链产生的自由基与丙烯酰胺单体支链相接枝而形成的,说明淀粉与丙烯酰胺单体发生了接枝反应。合成的羟丙基淀粉接枝丙烯酰胺絮凝剂使表面变得更疏松粗糙且褶皱增多,这种结构有利

于架桥絮凝,提升在水体中的絮凝性能,絮凝效果得到提升[139]。

4.1.5.2　FTIR 分析

采用红外光谱分析仪（MR304，ABB BOMEM）分析测定接枝共聚物絮凝剂的结构,图 4-13 所示是接枝前后的红外光谱图。

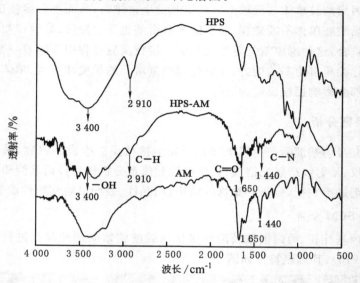

图 4-13　HPS 接枝前后红外光谱图

由图 4-13 可见,HPS 谱线中,3 400 cm⁻¹ 和 2 910 cm⁻¹ 处出现了吸收峰,其中 3 400 cm⁻¹ 处出现的宽强度吸收峰属于 HPS 骨架上的—OH 伸缩振动。2 910 cm⁻¹ 处出现的强吸收峰属于 HPS 所含的葡萄糖中饱和烃 C—H 产生的伸缩振动。AM 谱线中 1 650 cm⁻¹、1 440 cm⁻¹ 处出现明显的伸缩振动,1 650 cm⁻¹ 处强吸收峰属于 AM 中酰胺基的 C=O 伸缩振动,1 440 cm⁻¹ 处出现了伯酰胺的 C—N 伸缩振动吸收的吸收峰[59]。HPS-AM 谱线中,3 400 cm⁻¹、2 910 cm⁻¹、1 650 cm⁻¹、1 440 cm⁻¹ 处出现了吸收峰,其中 3 400 cm⁻¹ 和 2 910 cm⁻¹ 处出现属于 HPS 的特征峰,1 650 cm⁻¹ 处出现了属于 AM 中酰胺基的 C=O 伸缩振动,1 440 cm⁻¹ 处出现伯酰胺的 C—N 伸缩振动吸收峰属于丙烯酰胺的特征吸收峰。综上所述,HPS-AM 具有 HPS 与 AM 的特征峰,说明完成了接枝反应。

4.1.5.3　XRD 分析

采用德国 Bruker 制造的 X 射线衍射光谱分析仪分析晶体结构,结果如图 4-14 所示。

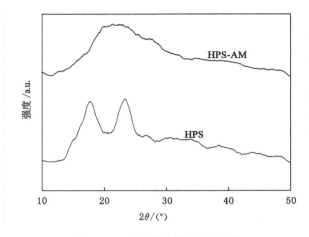

图 4-14　HPS 接枝前后 XRD 图

由图 4-14 可知,HPS 有两个衍射峰,说明该淀粉是一种多晶结构的物质。在该 2θ 范围内 HPS-AM 的分子结构趋向柔性相较于 HPS 尖锐的衍射峰消失而是在一个较宽的衍射角范围内形成的弥散峰。这是由于 HPS 与 AM 发生接枝共聚反应,导致 HPS 的聚集状态发生了变化以及晶体结构受到破坏,最终形成的 HPS-AM 为无定形结构。进一步说明 AM 接枝到 HPS 上。

4.1.5.4　热重分析

通过热重分析仪去探究 HPS-AM 发生接枝反应前后质量随着温度升高的变化情况。分析结果如图 4-15 所示。

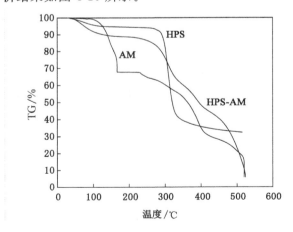

图 4-15　羟丙基淀粉接枝前后共聚物絮凝剂的热重曲线

用热重分析仪对 HPS、AM 和 HPS-AM 进行了分析。从图 4-15 可以看出，HPS-AM 主要有两个失重阶段：第一阶段热解温度为 70～280 ℃，失重率为 18％，这是由分子降解过程中产生的水分蒸发造成的；280～525 ℃为主要失重阶段；由于 HPS 骨架被破坏，这一阶段 C—O—C、—OH 和 C═O 键断裂分解，失重率为 76.7％。从 HPS 的失重曲线可以看出，在 280～350 ℃时，HPS 的品质急剧下降。此外，从 AM 的失重曲线可以看出，在 33～180 ℃，AM 的质量急剧下降，失重率为 34％。三种失重曲线的比较表明，HPS-AM 的热稳定性得到了提高，热稳定性的差异进一步证明了 AM 接枝到了 HPS 上。

4.1.5.5 特征黏度分析

黏度是流体黏滞性的一种量度，是流体流动力对其内部摩擦现象的一种表示。黏度大表明内摩擦力大，相对分子质量大，因此可以通过对黏度的测量来对 HPS-AM 的相对分子质量进行比较。在国内外报道的所有文献中，目前对 HPS-AM 的相对分子质量测定方面还没有一个相对严格和统一的规定。大多是通过测量出特征黏度，然后通过相对分子质量计算式(4-4)计算。

$$M = 125 \times 802^7 \tag{4-4}$$

通过精密数字式黏度计的测量，可知 HPS 黏度为 132 mPa·s，HPS-AM 黏度为 947 mPa·s，可见接枝共聚反应使 HPS 的相对分子质量增加，而 PAM 黏度为 749 mPa·s。由此可知 HPS-AM 相对分子质量要略高于 PAM。

4.2 阳离子型淀粉改性絮凝剂的制备

4.2.1 引言

煤泥水处理是选煤厂生产发展的必要环节，关系到整个选煤生产系统的稳定性。近年来，随着煤炭开采机械化程度的提高，入料中的矸石等伴生矿物不断增加，导致后续煤泥水中因含有大量细粒级黏土矿物难以沉降，因此煤泥水处理的研究深受重视[140-141]。其中，主要以煤泥水絮凝药剂为主，当前絮凝剂按所带电性可以分为非离子型絮凝剂、阴离子型絮凝剂、阳离子型絮凝剂、两性絮凝剂，由于煤泥水中的黏土颗粒表面带负电，因此阳离子型絮凝剂的研究更受关注[142-144]。工业中常用的阳离子型絮凝剂为 CPAM，但此类絮凝剂存在生产成本较高、毒性大、残留单体难以降解等缺点，长期使用会对人体的身体健康和环境造成威胁，因此对新型高效绿色絮凝剂的开发和研究十分必要。

淀粉具有长链结构、易形成胶体的优异絮凝属性，但存在相对分子质量较低、性能不稳、表面不带电的缺点,因此可以在淀粉的基础上进行接枝改性,改性后的淀粉表面带正电荷,且具有半刚性链与柔性支链形成的网状空间结构,絮凝性能更佳[145-146]。二甲基二烯丙基氯化铵作为一种阳离子单体,具备结构单元稳定、正电荷密度高、无毒高效的优点,丙烯酰胺能够在淀粉与阳离子单体间起到较好的纽带作用[147-148]。因此,本节以羟丙基淀粉、丙烯酰胺、二甲基二烯丙基氯化铵为原料,以硝酸铈铵为引发剂,合成了阳离子型淀粉改性絮凝剂(HPS-AM-DMDAAC),通过正交试验确定了其最佳合成条件。

4.2.2 试验材料与方法

4.2.2.1 试验材料

采用湖北亿隆生物科技有限公司生产的食品级羟丙基淀粉、福晨(天津)化学试剂有限公司生产的丙烯酰胺(分析纯)、上海麦克林生化科技股份有限公司生产的二甲基二烯丙基氯化铵(分析纯)、福晨(天津)化学试剂有限公司生产的硝酸铈铵(分析纯)、天津市化学试剂三厂生产的丙酮(分析纯)、天津新技术产业园区科茂化学试剂有限公司生产的无水乙醇(分析纯)、福晨(天津)化学试剂有限公司生产的氢氧化钠(分析纯)、天津市化学试剂三厂生产的盐酸(分析纯)。仪器采用金坛市友联仪器研究所生产的型号为 YL3002W 的混凝搅拌器、上海仪电物理光学仪器有限公司生产的型号为 WZG1000B 的浊度仪、艾力蒙塔贸易(上海)有限公司生产的型号为 Unicube 的有机元素分析仪、蔡司公司生产的型号为 Sigma 300 的扫描电子显微镜。

4.2.2.2 试验方法

1. HPS-AM-DMDAAC 的制备

取 1 g 羟丙基淀粉放入三口烧瓶中,加入 100 mL 去离子水后通入氮气,于 70 ℃下搅拌糊化 10 min,随后降温至所需反应温度,加入适量浓度硝酸铈铵引发剂,引发 10 min 后,取丙烯酰胺、二甲基二烯丙基氯化铵溶液,缓慢滴加至反应体系内反应数小时,取出熟化 24 h,经无水乙醇洗涤,烘干后得到 HPS-AM-DMDAAC 粗产物。将粗产物进一步以丙酮为萃取剂,采用索氏抽提法除去其中未反应单体及均聚物,烘干后得到阳离子型淀粉改性絮凝剂的粗产品。

2. 阳离子型淀粉改性絮凝剂的纯化

将粗产品用滤纸包裹放入抽提筒中,以丙酮为萃取剂,向脂肪烧瓶中加入定量丙酮,在温度为 65 ℃时,加热抽提 8 h 去除粗产品中所含丙烯酰胺、二甲基二烯丙基氯化铵均聚物,取出抽提后产物放于烘箱(T＝60 ℃)烘干至恒重,将烘干后产物研磨成粉末状,即为阳离子型淀粉改性絮凝剂的精产品 HPS-AM-DMDAAC。阳离子型淀粉改性絮凝剂合成及提纯的反应装置如图 4-16 所示。

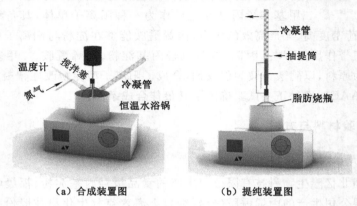

（a）合成装置图　　　　　（b）提纯装置图

图 4-16　阳离子型淀粉改性絮凝剂合成及提纯的反应装置图

3. 接枝效果评定

单体转化率、接枝率、接枝效率是高分子接枝反应中常用的评价指标。具体测定方法见 4.1.2 节所述。

4. 阳离子度测定

阳离子度是阳离子电荷密度的简称,是反映阳离子单体接枝到淀粉大分子链程度的一个重要指标。本试验接枝的阳离子单体为二甲基二烯丙基氯化铵,其中 Cl^- 数量与正电荷数量一致,通过测定 Cl^- 数量即可计算出相应的阳离子度。阳离子度的测定方法包括元素分析法、莫尔滴定法、胶体滴定法、直接滴定法、反滴定法等。本试验选用莫尔滴定法进行阳离子度的测定,具体测定步骤如下:

（1）配制 100 mL 质量分数为 5％的铬酸钾（K_2CrO_4）溶液作为指示剂,100 mL 浓度为 0.05 mol/L 的 $AgNO_3$ 溶液为滴定液。

（2）称量 0.1 g 阳离子型淀粉改性絮凝剂样品搅拌溶解于 100 mL 去离子水中,配制成质量分数为 0.1％的待测样品。

（3）准备 100 mL 去离子水作为空白试样,滴加 1 mL 的 K_2CrO_4 指示剂,混合均匀后缓慢滴入 $AgNO_3$ 溶液进行滴定,溶液由亮黄色变为砖红色时滴定结束,记录空白试样消耗 $AgNO_3$ 的体积 V_0。

（4）对阳离子型淀粉改性絮凝剂待测样品重复步骤（3）的滴定,记录 $AgNO_3$ 消耗的体积 V。

阳离子型淀粉改性絮凝剂的阳离子度计算如下[149]:

$$CD = M \times \frac{0.05 \times (V - V_0)}{1\,000m} \times 100\%$$ (4-5)

式中　CD——阳离子度；

M——二甲基二烯丙基氯化铵的相对分子质量，为 161.67；

0.05——$AgNO_3$ 溶液的浓度，mol/L；

V——滴定淀粉基阳离子型絮凝剂时消耗 $AgNO_3$ 标准液的体积，mL；

V_0——空白对照组滴定时所消耗 $AgNO_3$ 标准液的体积，mL；

m——所称取的淀粉基阳离子型絮凝剂的质量，为 0.1 g。

4.2.3　阳离子型淀粉改性絮凝剂制备试验研究

4.2.3.1　引发体系筛选试验

综合前期文献查阅与分析以及预试验结果，选择了硝酸铈铵、高锰酸钾、过硫酸钾与亚硫酸钠、过氧化氢与硫酸亚铁四种引发体系进行试验，固定单体总量与羟丙基淀粉质量比 $(m_{AM} + m_{DMDAAC}) : m_{HPS} = 3:1$，丙烯酰胺与二甲基二烯丙基氯化铵质量比 $m_{AM} : m_{DMDAAC} = 9:1$，反应时间 3 h，反应温度为 50 ℃，考察阳离子型淀粉改性絮凝剂在不同引发剂及不同浓度下的单体转化率、接枝率、接枝效率、阳离子度，结果如表 4-6～表 4-9 所示。

表 4-6　硝酸铈铵引发体系接枝效果试验结果

硝酸铈铵浓度/(mmol/L)	$C/\%$	$GE/\%$	$G/\%$	$CD/\%$
1	70.90	93.77	193.21	7.27
2	85.87	94.49	233.69	11.79
3	75.02	93.82	204.19	9.69
4	61.20	93.10	163.97	9.69

表 4-7　高锰酸钾引发体系接枝效果试验结果

高锰酸钾浓度/(mmol/L)	$C/\%$	$GE/\%$	$G/\%$	$CD/\%$
1	67.26	93.30	181.12	7.67
2	72.01	94.19	196.52	8.08
3	59.89	93.29	160.46	5.89
4	54.66	92.82	144.23	4.04

表 4-8　过硫酸钾与亚硫酸钠引发体系接枝效果试验结果

过硫酸钾浓度 /(mmol/L)	过硫酸钾与亚硫酸钠 物质的量比	C/%	GE/%	G/%	CD/%
2	1∶1	83.32	93.48	232.72	5.25
3	1∶1	91.57	94.75	253.98	14.55
4	1∶1	89.81	94.54	249.15	13.74
5	1∶1	87.08	94.25	240.12	12.11
3	0.6∶1	83.27	88.26	220.54	9.69
3	0.8∶1	86.94	93.32	236.90	12.11
3	1.2∶1	87.35	90.58	248.54	13.73

表 4-9　过氧化氢与硫酸亚铁引发体系接枝效果试验结果

过氧化氢浓度 /(mmol/L)	过氧化氢与硫酸亚铁 物质的量比	C/%	GE/%	G/%	CD/%
30	20∶1	78.87	93.15	212.65	12.11
37	20∶1	84.27	94.27	220.86	14.55
44	20∶1	27.6	93.78	72.08	9.28
51	20∶1	3.1	91.08	2.49	7.67
37	15∶1	72.65	92.12	192.42	12.11
37	25∶1	74.86	93.88	204.29	13.73
37	30∶1	66.23	92.42	184.83	10.50

　　基于以上试验结果,对比四种引发体系接枝效果最佳时的单体转化率、接枝率、接枝效率、阳离子度,结果如图 4-17 所示。

　　从图 4-17 可知,四种引发体系中引发效果最好的是过硫酸钾-亚硫酸钠氧化还原体系,该体系中过硫酸钾引发产生的自由基活性较强,能够更好地与淀粉产生淀粉大分子自由基,而亚硫酸钠性质相对稳定,反应过程中存在预引发阶段,可以引发更多淀粉自由基参与反应[150],所以其单体转化率、接枝率、接枝效率、阳离子度均为最优。同时该体系具有反应活化能低、接枝产物体积膨胀增大、黏稠度较高的优点。

　　通过以上试验结果表明,引发体系的接枝效果排序为过硫酸钾-亚硫酸钠＞硝酸铈铵＞过氧化氢-硫酸亚铁＞高锰酸钾,且过硫酸钾-亚硫酸钠原料价格相对较低,无论从性能角度及经济适用角度对比,都优于其他引发体系,所以本试

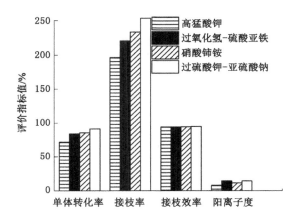

图 4-17　不同引发剂的比较

验选用过硫酸钾-亚硫酸钠引发体系进行 HPS-AM-DMDAAC 的合成,并进一步考察引发剂浓度、单体配比、反应时间、反应温度、单体总量与淀粉质量比对单体转化率、接枝率、接枝效率和阳离子度的影响。

4.2.3.2　试验结果与分析

1. 正交试验分析

由单因素试验可得,随二甲基二烯丙基氯化铵(DMDAAC)质量占比的增加,HPS-AM-DMDAAC 的阳离子度增大到一定程度呈下降趋势,而接枝率还在不断提高,考虑到物料成本及生产问题,选取合适的单体质量比即可,因此不将单体质量比作为参考因素。

在单因素试验的基础上,固定单体质量比 $m_{AM} : m_{DMDAAC} = 9 : 1$,以引发剂浓度、单体总量与淀粉质量比、反应时间、反应温度为影响因素,单体转化率 (C)、接枝率 (G)、接枝效率 (GE)、阳离子度 (CD) 为评价指标,设计 4 因素 3 水平正交试验因素水平表,见表 4-10。

表 4-10　正交试验因素水平表

水平	A	B	C	D
	引发剂浓度/(mmol/L)	$(m_{AM} + m_{DMDAAC}) : m_{HPS}$	反应时间/h	反应温度/℃
1	2	3 : 1	3	50
2	3	4 : 1	4	60
3	4	5 : 1	5	70

根据表 4-11 因素水平表进行正交试验,试验结果如表 4-11 所示。

表 4-11 正交试验结果

试验编号	A	B	C	D	$C/\%$	$G/\%$	$GE/\%$	$CD/\%$
1	2	3 : 1	3	50	82.49	232.90	93.48	5.25
2	2	4 : 1	4	60	107.90	397.11	93.63	7.27
3	2	5 : 1	5	70	109.47	501.10	93.05	9.29
4	3	3 : 1	5	60	96.93	265.03	95.92	8.16
5	3	4 : 1	3	70	107.49	399.60	94.29	8.64
6	3	5 : 1	4	50	110.42	514.36	96.21	10.09
7	4	3 : 1	4	70	82.53	223.48	93.13	7.83
8	4	4 : 1	5	50	108.33	406.2	94.92	9.29
9	4	5 : 1	3	60	95.60	455.39	94.39	8.72

2. 以单体转化率为评价指标的方差分析

直观分析法是通过每一因素的平均极差来分析问题,只需对试验结果进行少量计算,通过综合比较,便可得到最佳配比和各因素的影响程度,具有计算便捷、简单易懂的优点。

不同评价指标所对应的影响因素主次排序不同,以单体转化率(C)为评价指标来确定各因素影响主次顺序的直观分析表如表 4-12 所示。其中 K_1、K_2、K_3 分别为四个因素在不同水平下单体转化率的总和均值,由该值来确定最佳单体转化率的反应条件。R 为单体转化率均值的极差,其大小可以表征各因素对单体转化率的影响,R 值越大,影响程度越高,反之,影响程度较低。

表 4-12 单体转化率直观分析

	A	B	C	D
K_1	99.95	87.32	100.41	95.19
K_2	104.95	107.91	100.14	100.28
K_3	95.49	105.16	99.83	104.91
R	9.46	20.59	0.58	9.72

根据表 4-12 的试验结果,将不同因素下的 K_1、K_2、K_3 用来评估各因素对单体转化率的影响情况,从而优化合成条件。各因素平均值对应的最高峰值为该因素的最佳水平,由此确定了最佳单体转化率的反应条件。单体转化率影响因

素分析见图 4-18。

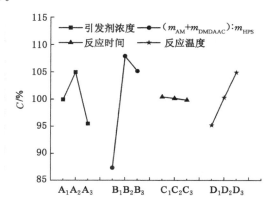

图 4-18　基于直观分析的单体转化率影响因素分析

据图 4-18 分析可得，较佳的单体转化率水平组合为 $A_2B_2C_1D_3$，即在引发剂浓度为 3 mmol/L，$(m_{AM} + m_{DMDAAC}) : m_{HPS} = 4 : 1$，反应时间 3 h，反应温度 70 ℃时，合成的阳离子型淀粉改性絮凝剂单体转化率最佳。

由于直观分析法存在误差大小无法准确预估、因素影响重要程度预估不准确的缺点，因此采用方差分析法进一步比较各因素对单体转化率的影响。单体转化率的方差分析见表 4-13。各因素对单体转化率的重要程度可以根据其偏差平方和与总偏差平方和的比值，即 P 值来评估。

表 4-13　单体转化率方差分析

方差来源	自由度 f	偏差平方和 S	平均偏差平方和 V	F 值	P 值/%
A	2	134.38	67.19	0.52	13.09
B	2	749.98	374.99	2.92	73.05
C	2	0.51	0.26	0.00	0.05
D	2	141.73	70.86	0.55	13.81
合计	8	1 026.60			100.00

从表 4-13 分析可知，根据 P 值对阳离子型淀粉改性絮凝剂单体转化率（C）的影响因素进行主次排序，可得各因素对其影响主次顺序为：B>D>A>C，即 $(m_{AM} + m_{DMDAAC}) : m_{HPS}$>反应温度>引发剂浓度>反应时间。

3. 以接枝率为评价指标的正交试验分析

以接枝率（G）为评价指标，对各因素影响主次顺序进行直观分析，结果如

表 4-14 所示。

表 4-14　接枝率直观分析

	A	B	C	D
K_1	377.04	240.47	384.49	362.63
K_2	393	400.97	372.51	378.32
K_3	361.69	490.28	374.73	390.78
R	31.31	249.81	11.98	28.15

接枝率影响因素分析见图 4-19。

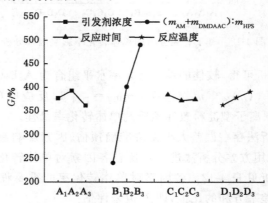

图 4-19　基于直观分析的接枝率影响因素分析

从图 4-19 分析可得最优接枝率水平组合为 $A_2B_3C_1D_3$，在引发剂浓度为 3 mmol/L、$(m_{AM}+m_{DMDAAC}):m_{HPS}=5:1$、反应时间为 3 h，反应温度为 70 ℃ 时，所得阳离子型淀粉改性絮凝剂接枝率最高。

对接枝率进行方差分析，结果见表 4-15。

表 4-15　接枝率方差分析

方差来源	自由度 f	偏差平方和 S	平均偏差平方和 V	F 值	P 值/%
A	2	1 470.35	735.17	0.06	1.48
B	2	96 143.82	48 071.91	3.88	97.06
C	2	243.61	121.81	0.01	0.25
D	2	1 193.56	596.78	0.05	1.21
合计	8	99 051.34			100.00

根据表 4-15 接枝率方差分析可得,4 个因素对接枝率影响的主次顺序为 B>A>D>C,即($m_{AM}+m_{DMDAAC}$):m_{HPS}>引发剂浓度>反应温度>反应时间。

4. 以接枝效率为评价指标的正交试验分析

以接枝效率(GE)为评价指标来确定各因素影响主次顺序的直观分析如表 4-16 所示。

表 4-16　接枝效率直观分析

	A	B	C	D
K_1	93.39	94.18	94.87	94.05
K_2	95.47	94.28	94.65	94.32
K_3	94.15	94.55	93.49	94.63
R	2.08	0.37	1.38	0.58

基于直观分析的接枝效率影响因素分析结果见图 4-20。

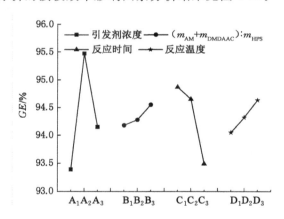

图 4-20　基于直观分析的接枝效率影响因素分析

从图 4-20 可知,较佳接枝效率水平组合为 $A_2B_3C_1D_3$,在引发剂浓度为 3 mmol/L、($m_{AM}+m_{DMDAAC}$):$m_{HPS}=5:1$、反应时间为 3 h、反应温度为 70 ℃ 时,所得 HPS-AM-DMDAAC 接枝效率最高。该组合与最佳接枝率水平组合一致,说明在该条件下接枝效率、接枝率均为最佳。

对不同水平下的接枝效率进行方差分析,结果见表 4-17。

表 4-17 接枝效率方差分析

方差来源	自由度 f	偏差平方和 S	平均偏差平方和 V	F 值	P 值/%
A	2	6.69	3.35	2.50	62.52
B	2	0.22	0.11	0.08	2.06
C	2	3.29	1.65	1.23	30.75
D	2	0.50	0.25	0.19	4.67
合计	8	10.70			100.00

从表 4-17 可知,引发剂浓度对接枝效率的影响最大(62.52%),其次是反应时间(30.75%)、反应温度(4.67%),($m_{AM}+m_{DMDAAC}$):m_{HPS}(2.06%)对絮凝效率的影响较小。

5. 以阳离子度为评价指标的方差分析

以阳离子度(CD)为评价指标,对各因素影响主次顺序进行直观分析,结果如表 4-18 所示。

表 4-18 阳离子度直观分析

	A	B	C	D
K_1	7.27	7.08	8.21	7.54
K_2	8.96	8.4	8.05	8.40
K_3	8.61	9.37	8.59	8.91
R	1.69	2.29	0.54	1.37

基于直观分析的阳离子度影响因素分析见图 4-21。

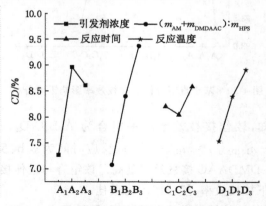

图 4-21 基于直观分析的阳离子度影响因素分析

根据图 4-21 可知，最优阳离子度水平组合为 $A_2B_3C_3D_3$，当引发剂浓度为 3 mmol/L、$(m_{AM}+m_{DMDAAC})：m_{HPS}=5：1$、反应时间为 5 h、反应温度为 70 ℃ 时，合成的 HPS-AM-DMDAAC 阳离子度最高。

对不同水平下的阳离子度进行方差分析，结果见表 4-19。

表 4-19　阳离子度方差分析

方差来源	自由度 f	偏差平方和 S	平均偏差平方和 V	F 值	P 值/%
A	2	4.79	2.40	1.19	29.83
B	2	7.91	3.95	1.97	49.25
C	2	0.46	0.23	0.11	2.86
D	2	2.90	1.45	0.72	18.06
合计	8	16.06			100.00

由表 4-19 方差分析可得，各因素对阳离子度的影响主次顺序为：B＞A＞D＞C，影响最大的是单体总量与淀粉质量比 $(m_{AM}+m_{DMDAAC})：m_{HPS}$，再者为引发剂浓度，其次是反应温度，反应时间对阳离子度影响最小。

综上，最优单体转化率水平组合和最优阳离子度水平组合各有不同，且对各不同评价指标各因素影响主次顺序也不同。因为 B_2 和 B_3 对单体转化率的影响大小相差无几，且反应时间对阳离子度的影响最小，综合分析各因素对 HPS-AM-DMDAAC 评价指标的影响，得出 $A_2B_3C_1D_3$ 为较佳因素水平组合，即引发剂浓度为 3 mmol/L，$(m_{AM}+m_{DMDAAC})：m_{HPS}=5：1$，反应时间为 3 h，反应温度为 70 ℃。根据验证试验得出该条件下合成的 HPS-AM-DMDAAC 单体转化率为 108.37％，接枝率为 517.52％，接枝效率为 96.50％，阳离子度为 16.55％，接枝效果最佳。

4.2.4　因素接枝率和阳离子度的影响分析

4.2.4.1　引发剂浓度对接枝共聚反应的影响

选取引发剂浓度范围为 1～5 mmol/L，固定引发剂物质的量比 $n_{K_2S_2O_8}：n_{Na_2SO_3}=1：1$，单体质量比 $m_{AM}：m_{DMDAAC}=9：1$，单体总量与淀粉质量比 $(m_{AM}+m_{DMDAAC})：m_{HPS}=3：1$，反应时间为 3 h，反应温度为 50 ℃，考察引发剂浓度对接枝共聚反应的影响，结果如图 4-22 所示。

从图 4-22(a)分析可得，引发剂浓度介于 1～3 mmol/L 时，单体转化率、接枝率、接枝效率与引发剂用量成正比，这是因为引发剂中氧化剂过硫酸钾浓度在增加的同时，会不断分解出硫酸根自由基和羟自由基，温度在 50 ℃ 以上时会引

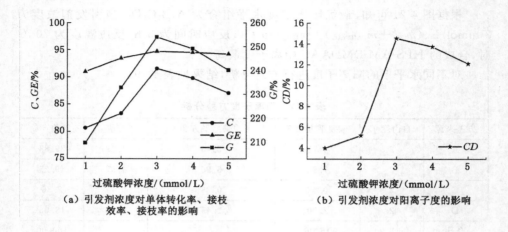

（a）引发剂浓度对单体转化率、接枝
效率、接枝率的影响

（b）引发剂浓度对阳离子度的影响

图 4-22　引发剂浓度对接枝共聚反应的影响

发淀粉自由基的生成,而亚硫酸钠浓度的增加会加速氧化还原反应的进行,加快自由基产生速率,从而增加了自由基与单体结合的概率,接枝率、接枝效率、单体转化率都有所提高。在引发剂浓度为 3 mmol/L 时单体转化率、接枝效率和接枝率达到峰值,分别为 91.57%、94.75%、253.98%。此后继续增加引发剂浓度,接枝率、单体转化率和接枝效率均呈下降趋势,这是由于整个接枝过程中引发剂过量会增强自由基的耦合泯灭作用,使链终止速率大于链增长速率,导致接枝效果变差[151]。

从图 4-22(b)可以看出,引发剂浓度对阳离子度的影响规律与其他指标一致,呈现先升后降的趋势,在引发剂浓度为 3 mmol/L 时达到最大值。这是因为随着引发剂浓度的增大,会使淀粉上的活性位点增多,在 AM 作为纽带的作用下,更多 DMDAAC 与 AM、HPS 发生接枝共聚反应。当引发剂浓度大于一定浓度时,淀粉分子链上已无空余活性位点,淀粉自由基已达到饱和,多余的引发剂会加剧单体自由基间的自聚或共聚反应[151]。因此结果表明,引发剂最适合的浓度为 3 mmol/L。

4.2.4.2　单体质量比对接枝共聚反应的影响

在引发剂浓度为 3 mmol/L、引发剂物质的量比 $n_{K_2S_2O_8}$: $n_{Na_2SO_3} = 1:1$、单体总量与淀粉质量比 $(m_{AM} + m_{DMDAAC}) : m_{HPS} = 3:1$、反应时间为 3 h、反应温度为 50 ℃时,研究 AM 与 DMDAAC 质量比对接枝共聚反应的影响,结果如图 4-23 所示。

由图 4-23(a)可知,随着 AM 质量占比的减少,接枝率、单体转化率不断降

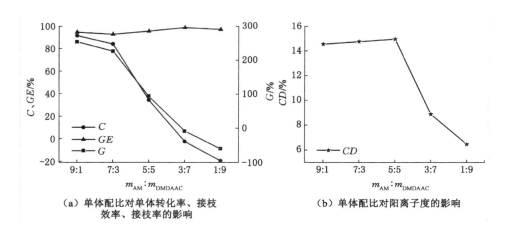

（a）单体配比对单体转化率、接枝
　　效率、接枝率的影响

（b）单体配比对阳离子度的影响

图 4-23　单体质量比对接枝共聚反应的影响

低,换言之,DMDAAC 质量占比的增多不利于接枝反应的发生,这是因为 DMDAAC 在链引发阶段产生的氯基自由基会对接枝产生阻聚作用,而 AM 反应活性较强,不容易产生链转移,能够在 DMDAAC 和 HPS 接枝反应中起到纽带作用。接枝效率呈先降后升趋势,这是由于随着丙烯酰胺质量占比的降低,均聚反应发生的概率在减少,从而使接枝效率有所提高,但相较其他指标来说,总体变化不大。

从图 4-23(b)可知,阳离子度呈先升后降趋势,当 AM 质量占比较高时,AM 与羟丙基淀粉的接枝速率大于 AM、DMDAAC 和 HPS 三者之间的接枝速率,且此时体系中阳离子单体占比较少。随着 AM 质量占比的减少、DMDAAC 质量占比的提高,阳离子度开始缓慢提升,当 AM 和 DMDAAC 质量各占 50% 时,阳离子度达到最高。当 AM 质量占比继续降低时,DMDAAC 质量占比继续提高时,阳离子度急速下降,这是由于反应活性较低的 DMDAAC 在缺少 AM 纽带作用的情况下也很难接枝到淀粉分子上。结合本试验单体配比对接枝率、单体转化率的影响综合考虑,选择 AM 与 DMDAAC 质量配比为 9:1 最合适。

4.2.4.3　反应温度对接枝共聚反应的影响

在引发剂浓度为 3 mmol/L、引发剂物质的量比 $n_{K_2S_2O_8} : n_{Na_2SO_3} = 1 : 1$、单体质量比 $m_{AM} : m_{DMDAAC} = 9 : 1$、单体总量与淀粉质量比 $(m_{AM} + m_{DMDAAC}) : m_{HPS} = 3 : 1$、反应时间为 3 h 时,考察反应温度对接枝共聚反应的影响,试验结果见图 4-24。

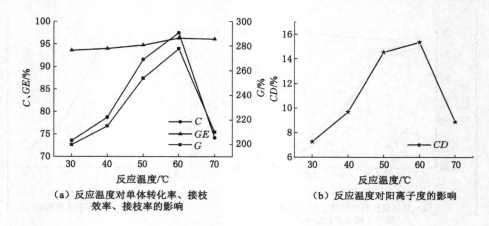

（a）反应温度对单体转化率、接枝
效率、接枝率的影响

（b）反应温度对阳离子度的影响

图 4-24　反应温度对接枝共聚反应的影响

从图 4-24（a）可得出，随着温度的不断升高，接枝率、接枝效率、单体转化率呈先增后降趋势。温度的升高使得 HPS 充分溶胀，比表面积增大，导致其更容易与单体发生反应。接枝单体在升温环境下溶解度增大、流动性增大、扩散性增强，有利于与淀粉大分子自由基的碰撞。同时，温度升高也使引发剂引发速率加快，增加了三者之间的反应概率，促进了接枝共聚反应的进行。在聚合温度60 ℃时出现极大值，随后急速下降，导致这种现象的原因是温度过高会使分子运动加剧，引发剂的大量分解使反应环境中产生较多单体丙烯酰胺自由基，增加了链转移和链终止速率，导致均聚反应占据了主导地位，使已接枝的支链发生降解，加速了接枝侧链、共聚物的分解速率，各项评价指标急剧下降[152]。

由图 4-24（b）分析可得，反应温度由 30 ℃升温到 60 ℃时，阳离子度随着温度的升高而不断增大，当反应温度超过 60 ℃继续升温时，阳离子度呈下降趋势。这是因为温度较低时，DMDAAC 单体的能量较低，不易与淀粉发生反应，所以阳离子度较低；随着温度的升高，体系中的粒子能量增加，粒子传递速率增加，使DMDAAC 更容易进入淀粉颗粒中，加快了反应的进行，促进了 HPS-AM-DMDAAC 阳离子度的提高；当温度继续升高时，DMDAAC 由于自身水解反应的发生，其在反应体系中浓度有所降低，导致阳离子度下降。

4.2.4.4　反应时间对接枝共聚反应的影响

在引发剂浓度为 3 mmol/L、引发剂物质的量比 $n_{K_2S_2O_8} : n_{Na_2SO_3} = 1:1$、单体质量比 $m_{AM} : m_{DMDAAC} = 9:1$、单体总量与淀粉质量比 $(m_{AM} + m_{DMDAAC}) : m_{HPS} = 3:1$、反应温度为 60 ℃时，考察反应时间在 1~5 h 范围内对接枝共聚反应的影响，结果如图 4-25 所示。

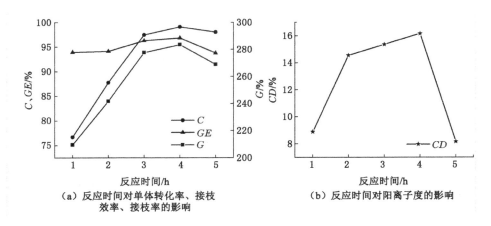

图 4-25　反应时间对接枝共聚反应的影响

从图 4-25(a)得知,反应时间对接枝共聚的影响可以分为两个阶段,反应初期随着反应时间的延长,接枝效率无明显变化,单体转化率、接枝率显著提升,在 4 h 时达到了最大值,之后呈下降趋势。这是由于聚合反应时间的延长使体系内丙烯酰胺自由基剧增,从而增强了反应活性,使其能更好地与淀粉进行聚合,而后期引发剂中的亚硫酸钠水解程度不断增加,使溶液呈酸性,淀粉在酸性条件下会水解,从而使接枝位点减少,导致单体很难接枝到淀粉骨架上,接枝效果变差。

由图 4-25(b)可知,HPS-AM-DMDAAC 的阳离子度随着反应时间的延长而不断增大,这是因为 DMDAAC 的竞聚率较低、反应活性低、单体消耗慢,反应时间的延长有利于提高 DMDAAC 与 AM 及 HPS 的反应概率,从而提高 HPS-AM-DMDAAC 的阳离子度[153]。在反应 4 h 后,阳离子度呈下降趋势,这是由于随着接枝链的不断增长,反应体系黏度越来越大,单体传质阻力变大,阻碍了阳离子单体 DMDAAC 向活性中心扩散,减少了与 HPS 发生碰撞的概率,所以最佳反应时间为 4 h。

4.2.4.5　单体总量与淀粉质量比对接枝共聚反应的影响

选取引发剂浓度为 3 mmol/L、引发剂物质的量比 $n_{K_2S_2O_8} : n_{Na_2SO_3} = 1 : 1$、单体质量比 $m_{AM} : m_{DMDAAC} = 9 : 1$、反应时间为 4 h、反应温度为 60 ℃时,考察单体总量与淀粉质量比在 1∶1～5∶1 范围内时,HPS-AM-DMDAAC 各项指标的变化规律,试验结果如图 4-26 所示。

由图 4-26(a)可知,单体总量的增加对接枝效率影响较小,但会促进接枝率的不断提高,说明其生成产物不断增多,其中包含目的产物及均聚物,除此之外,

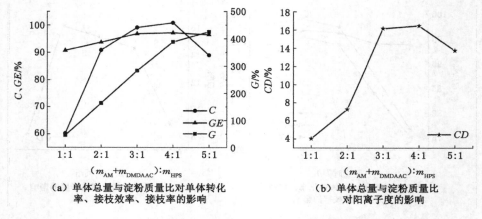

（a）单体总量与淀粉质量比对单体转化
率、接枝效率、接枝率的影响

（b）单体总量与淀粉质量比
对阳离子度的影响

图 4-26　单体总量与淀粉质量比对接枝共聚反应的影响

单体转化率随着单体总量的增加呈先升后降趋势，单体总量较少的情况下，不易与淀粉发生反应，随着单体总量的增加单体自由基增多，与淀粉反应概率增大，从而单体自由基引发链增长的概率增大。在$(m_{AM}+m_{DMDAAC}):m_{HPS}=4:1$ 时达到了最大值，单体总量再增加单体转化率反而下降，这是由于单体含量过多会包裹引发剂，从而阻碍引发剂引发淀粉产生自由基，再者就是随着单体量的增加，淀粉自由基被耗尽，单体无法与之进行接枝反应，这两种情况都易引起单体均聚反应的发生，造成接枝效果变差[154]。

从图 4-26（b）看出，阳离子度随着单体总量的增加而提高，当单体总量与淀粉质量比超过 4∶1 时，阳离子度开始下降。这是因为单体总量较少即相应阳离子单体也较少，不足以覆盖在淀粉颗粒表面，而随着阳离子单体含量增加，参与接枝反应的概率增大，阳离子度提高；当单体总量继续增加，单体数量足以覆盖淀粉颗粒表面，淀粉颗粒界面外围单体层厚度增加，多余的阳离子单体发生均聚反应的概率增大，除此之外还会由于单体总量过大、反应不均，产生局部交联现象，导致 HPS-AM-DMDAAC 阳离子度的下降。综合各项指标得出当$(m_{AM}+m_{DMDAAC}):m_{HPS}=4:1$ 时，接枝效果最佳。

4.2.5　表征分析

4.2.5.1　扫描电镜分析

将 HPS-AM-DMDAAC 样品放入恒温干燥箱中（$T=60\ ℃$），干燥至恒重，研磨成粉末。取羟丙基淀粉和阳离子型淀粉改性絮凝剂为样品，使用导电胶固定于样品台，进行表面喷金制样处理，在 Sigma 300 型扫描电子显微镜下调整合适的焦距及缩放倍数观测其表观形貌的差别,原羟丙基淀粉与阳离子型淀粉改性絮凝剂分别放大 1 000 倍及 5 000 倍的表面形貌对比如图 4-27 所示。

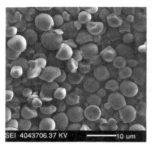

（a）羟丙基淀粉放大 1 000 倍

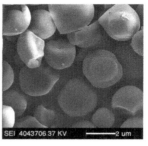

（b）羟丙基淀粉放大 5 000 倍

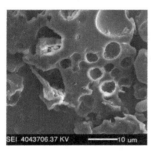

（c）阳离子型淀粉改性絮凝剂放大 1 000 倍

（d）阳离子型淀粉改性絮凝剂放大 5 000 倍

图 4-27　扫描电镜图

图 4-27(a)、图 4-27(b)分别为羟丙基淀粉在扫描电镜下放大 1 000 倍及放大 5 000 倍的照片,从中可以看出淀粉颗粒分布较为分散,且表面光滑细腻,多为规则球形结构;图 4-27(c)、图 4-27(d)分别为阳离子型淀粉改性絮凝剂在扫描电镜下放大 1 000 倍及放大 5 000 倍的照片,从中可以看出阳离子型淀粉改性絮凝剂表面积增大,表面较为粗糙,呈凹凸不平的层状结构。这种变化主要是由于羟丙基淀粉在接枝聚合过程中晶体结构被破坏,使原有有序结构发生坍塌,导致表面凹凸不平,同时接枝 AM 及 DMDAAC 产生的侧链也使其表面积增大,侧链增多改善了该絮凝剂在絮凝时网捕能力,使水中悬浮颗粒聚集,促进絮凝沉降。

4.2.5.2　X 射线荧光光谱分析

取干燥后的 HPS-AM-DMDAAC、DMDAAC、AM 及 HPS 为样品,放置于仪器背景板上,使用 DSX10-TF 型 X 射线荧光光谱仪进行测定,XRF 测试结果如表 4-20 所示。

表 4-20 样品中氯元素含量

标准样品	HPS	AM	DMDAAC	HPS-AM-DMDAAC
Cl/%	—	—	21.93	25.33

根据表 4-20 分析可得,HPS 中不含有氯元素,理论上 AM 单体中也不含有氯元素,DMDAAC 分子式为 $C_8H_{16}NCl$,表明该单体中存在氯元素,氯元素占比为 21.93%,阳离子型淀粉改性絮凝剂(HPS-AM-DMDAAC)中出现了氯元素,氯元素占比为 25.33%。氯元素的出现证明了 DMDAAC 接枝到了羟丙基淀粉的分子链上,成功发生接枝反应。

4.2.5.3 元素分析

以氨基苯磺酸为基准标样,采用元素分析仪(DSX10-TF,OLYMPUS,日本)对干燥后的阳离子型淀粉改性絮凝剂(HPS-AM-DMDAAC)及羟丙基淀粉(HPS)样品进行 C、H、N 元素检测,检测结果见表 4-21。

表 4-21 标准样品中碳、氢、氮元素含量

标准样品	C/%	H/%	N/%
HPS	38.03	5.919	—
AM①	50.70	7.04	19.72
DMDAAC①	59.44	9.91	8.67
HPS-AM-DMDAAC	41.63	6.572	11.59

注:①指理论值。

根据表 4-21 中数据可知,HPS 不含有氮元素,而阳离子型淀粉改性絮凝剂(HPS-AM-DMDAAC)中氮元素的含量较原羟丙基淀粉(HPS)大幅提升,表明原羟丙基淀粉分子链上接枝了含高氮元素的单体,再分析 AM、DMDAAC 中氮元素含量的差异,可得出其至少接枝了 AM。结合上述 X 射线荧光光谱分析中有关氯元素的分析,得出的 DMDAAC 成功接枝到 HPS 的结论,证明 AM、DMDAAC 两种单体都与 HPS 发生了接枝共聚反应。

4.2.5.4 红外光谱分析

以压片法分别将 HPS、HPS-AM-DMDAAC 与溴化钾(KBr)按 1:150 比例混合均匀制得两个待测样品,将样品放入 MR304 型红外光谱仪中进行扫描,测定波长在 500~4 000 cm^{-1} 范围内的 HPS 及 HPS-AM-DMDAAC 红外光谱图,通过测定所含基团对二者结构进行表征,测试结果如图 4-28 所示。

由红外光谱图 4-28 可知,在 3 430 cm^{-1} 处出现了淀粉的—OH 伸缩振动吸

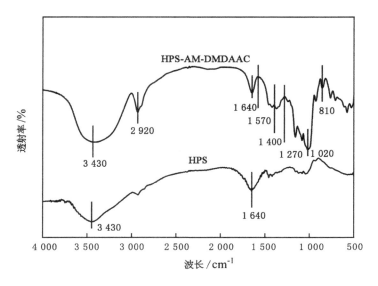

图 4-28　羟丙基淀粉和阳离子型淀粉改性絮凝剂的红外光谱图

收峰,1 640 cm^{-1}处出现了淀粉醚化产生的羟丙基—O—C—C—C 特征吸收峰,证明了产物中 HPS 的存在;在 1 570 cm^{-1}处存在酰胺基团的—NH$_2$特征吸收峰,证明产物中含有 AM;在 1 020 cm^{-1}、1 270 cm^{-1}处存在胺类基团的 C—N 伸缩振动峰,在 810 cm^{-1}处出现了胺类基团的—NH 特征吸收峰,在 2 920 cm^{-1}处出现了 DMDAAC 中与 N$^+$相连的—CH$_2$、—CH$_3$双甲基特征吸收峰[155],证明接枝产物中含有 DMDAAC;综上,通过红外光谱分析得出,羟丙基淀粉与 AM、DMDAAC 单体发生了接枝共聚反应。

4.2.5.5　X 射线衍射仪分析

取干燥的 HPS 及 HPS-AM-DMDAAC 压片制样,使用 X 射线衍射仪(Bruker,德国)分别对 HPS、HPS-AM-DMDAAC 进行测定,检测条件为电压 35 kV、电流 25 mA,2θ扫描范围为 $10°\sim70°$,检测结果如图 4-29 所示。

由图 4-29 分析可得,HPS 的 XRD 图谱由尖锐衍射峰与弥散衍射峰交互组成,说明其存在结晶区与非结晶区。在 15°到 25°之间有两个较强的尖锐特征衍射峰,证明了 HPS 中存在 A 型结晶区,而 HPS-AM-DMDAAC 在该 2θ 范围内无尖锐衍射峰,转为宽泛的弥散峰,证明该阳离子型淀粉改性絮凝剂为无定形结构。此变化说明接枝反应改变了淀粉颗粒的结晶结构,增强其在接枝过程中的反应活性,能够更好地与单体接枝聚合,同时阳离子型淀粉改性絮凝剂结晶度的降低,也有利于提高其作为絮凝药剂的溶解性能。综上,结晶区的变化再次证明

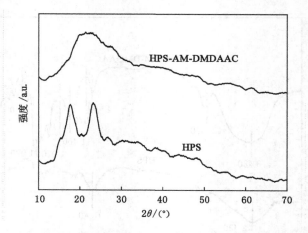

图 4-29　羟丙基淀粉和阳离子型淀粉改性絮凝剂的 X 射线衍射图谱

了 AM、DMDAAC 成功接枝到了 HPS 大分子骨架上。

4.2.5.6　热重分析

采用热重分析法,取适量干燥的 HPS 及 HPS-AM-DMDAAC 样品放入热重分析仪在 50～550 ℃温度范围内进行检测。通过测定 HPS 及 HPS-AM-DMDAAC 在持续升温状态下质量随时间及温度的变化,分析产物的失重过程及热稳定性能。检测结果如图 4-30 所示。

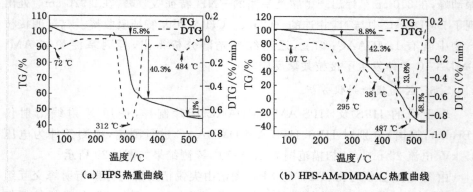

（a）HPS 热重曲线　　　　　　（b）HPS-AM-DMDAAC 热重曲线

图 4-30　HPS 和 HPS-AM-DMDAAC 的热重曲线

根据图 4-30(a) HPS 的 TG-DTG 曲线可得,其受热分解过程分为三个阶段,第一阶段热降解主要发生在 50～100 ℃,在 72 ℃时热失重速率达到最大值,质量损失约为 5.8%,此阶段质量损失主要是由 HPS 分子外部吸附水及内部结合水蒸发所致。第二阶段热降解主要发生在 250～350 ℃,热失重速率在 312 ℃

最大,该阶段质量损失占比最大,约为 40.3%,主要因为 HPS 骨架开始热裂解,结构中连接支链的节点苷键(C—O 键)断裂造成。第三阶段热降解主要发生 350~500 ℃,失重率达 11%,此时羟丙基淀粉骨架进一步裂解,部分 C—C 键断裂生成了新产物和低分子挥发性化合物[156-157]。

而从图 4-30(b)分析可得,HPS-AM-DMDAAC 热分解过程可分为四个阶段,第一阶段发生在 90~200 ℃,初始热降解温度高于 HPS,说明该阳离子型淀粉改性絮凝剂引入 AM、DMDAAC 后结构稳定性增强,107 ℃热降解速率最大,质量损失约为 8.8%,大于 HPS 第一阶段质量损失,主要因为接枝单体中 AM 所含酰胺基属于亲水基团,且接枝过程中 HPS-AM-DMDAAC 结晶结构转为无定形结构,加强了水合效应,使吸附水和结合水含量较大,所以由水分蒸发导致的质量损失较大;第二阶段发生在 200~340 ℃,295 ℃为最大降解温度,质量损失约为 42.3%,该阶段质量损失的主要原因为 AM 单体中酰胺基团的亚胺化反应生成的不溶物受热降解[77]。第三阶段发生在 340~450 ℃,381 ℃为最大降解温度,质量损失约为 33.6%,主要为 DMDAAC 单体所含季铵基团中甲基随温度升高而脱除导致的失重。第四阶段为 450~510 ℃,该阶段质量损失主要原因是 HPS 大分子骨架开始发生断裂。综上所述,AM、DMDAAC 成功接枝在了 HPS 的骨架上,且阳离子型淀粉改性絮凝剂的分解速率相较羟丙基淀粉更为匀速,说明 HPS 接枝改性后热稳定性能得到了提升。

4.3　本章小结

(1)制备 HPS-AM 最佳合成条件为,反应温度 55 ℃、反应时间 2 h、羟丙基淀粉与丙烯酰胺质量比 1:3、引发剂用量为 0.045 g。

(2)以接枝率为评价指标影响接枝率的因素主次顺序依次是:羟丙基淀粉与丙烯酰胺质量比>引发剂用量>反应时间>反应温度。以接枝效率为评价指标影响接枝效率的因素主次顺序依次是:羟丙基淀粉与丙烯酰胺质量比>引发剂用量>反应时间>反应温度。

(3)红外光谱分析结果可知,在 HPS-AM 保留淀粉特征峰的同时,还具有明显的 C=O 振动峰,HPS-AM 是淀粉与丙烯酰胺接枝共聚形成的。X 射线衍射分析可知 HPS 与 HPS-AM 的差异,这表明接枝反应的发生。热重分析表明 HPS 与 AM 接枝后热稳定性提高,进一步表明单体已经成功接枝到淀粉上。

(4)特征黏度分析可知 HPS-AM 黏度高于 HPS 与 PAM(500 万相对分子质量)。

(5)制备 HPS-AM-DMDAAC 最佳工艺条件为引发剂浓度为 3 mmol/L,

$m_{AM}:m_{DMDAAC}=9:1$，$(m_{AM}+m_{DMDAAC}):m_{HPS}=5:1$，反应时间为 3 h，反应温度为 70 ℃。此时制备出的 HPS-AM-DMDAAC 单体转化率为 108.37%，接枝率为 517.52%，接枝效率为 96.50%，阳离子度为 16.55%。

（6）利用扫描电镜进行形貌分析，得出接枝前后 HPS 表观形貌由圆润规则变为凹凸不平，证明了接枝反应发生；通过 X 射线荧光光谱仪检测出 HPS-AM-DMDAAC 中氯元素的存在，证明了 DMDAAC 与 HPS 发生了接枝反应；通过元素分析得出阳离子型淀粉改性絮凝剂中氮元素含量大幅上升，证明了 AM 与 HPS 发生了接枝反应；红外光谱分析得出在羟丙基淀粉分子链上出现了 AM 的酰胺基中—NH_2 特征吸收峰，在 DMDAAC 单体中出现了双甲基特征吸收峰，证明接枝成功；X 射线衍射分析表明羟丙基淀粉接枝后无尖锐衍射峰，结晶度降低，说明 HPS-AM-DMDAAC 反应活性更高；热重结果说明 HPS-AM-DMDAAC 的热降解主要分为四个阶段，分解速率较原羟丙基淀粉更均匀，热稳定性能有所提升。

第 5 章　新型高分子聚合物絮凝剂絮凝特性的研究

　　本章主要研究制备的新型高分子聚合物絮凝剂处理煤泥水的最佳絮凝条件,探索各因素对絮凝效果的影响,并采用絮凝效率、絮体压缩率来评定其效果好坏。进一步与其他不同类型的絮凝剂处理煤泥水的效果进行对比,结合煤泥水的溶液化学性质及颗粒的界面特性,分析其在煤泥水中的应用及机理研究,以期为细粒难沉降煤泥水处理提供一定的参考价值。

5.1　HPS-AM 对煤泥水絮凝沉降的影响研究

5.1.1　试验方法

1. 自然沉降方法

　　称取一定量的煤泥试样,分别配制成一定浓度的煤泥水试样。将煤泥水倒入 500 mL 的量筒中,上下倒置数次,使煤泥水混合均匀,然后静置,每隔一段时间,用浊度仪测定其上清液的浊度。

2. 煤泥水絮凝试验

　　称取一定量的煤泥试样,配制一定浓度的煤泥水,将煤泥水倒入烧杯中,通过玻璃棒搅拌使煤泥水混合均匀,加入絮凝剂,在盛有煤泥水的烧杯中放入混凝搅拌器搅拌一定时间,然后静置,每隔一段时间,用 IRTB100 型浊度仪测定此时上清液的浊度,并记录不同时间的絮体高度,通过絮体高度进一步计算絮体压缩率,絮体压缩率 i 的计算公式如下[158]:

$$i = 100 - \frac{H_{900}}{H_0}$$

(5-1)

式中　H_0——煤泥水初始高度,cm;

　　　H_{900}——煤泥水沉降 15 min 后絮团高度,cm。

3. 絮凝效率测定

　　上清液的澄清程度可由絮凝效率来表征。处理后液体中悬浮颗粒多少决定了絮凝效率的高低,悬浮颗粒越多吸光度越高,絮凝效率越低,澄清程度越低。

吸取处理后煤泥水上清液,放入 721G 可见光分光光度计测量皿 3/4 处,测量吸光度,可通过下式计算絮凝效率[159],即

$$絮凝效率 = \left(1 - \frac{A_1}{A_0}\right) \times 100\%$$ (5-2)

式中 A_0——煤泥水 640 nm 波长下絮凝前的吸光度;

A_1——煤泥水 640 nm 波长下絮凝后的吸光度。

4. 絮团分形维数测定

分别取絮凝剂絮凝后的絮团在体视镜下观察絮团的大小及密实程度,通过计算絮团的分形维数表征絮体的密实度,分形维数越大,其絮团结构越紧密,沉降效果越好。分形维数的计算如下[160]:

$$\ln A = D_2 \ln L + \ln \alpha$$ (5-3)

式中 A——絮团投影面积,μm^2;

L——絮团投影最大直径,μm;

D_2——絮团二维分形维数;

α——分形维数比例系数。

5.1.2 试验结果与分析

5.1.2.1 煤泥组成及性质分析

1. 工业分析

以内蒙古某选煤厂浮选尾煤煤泥水为试验样品,根据《生产煤样采取方法》(MT/T 1034—2006)进行标准化采样。根据《煤的工业分析方法 仪器法》(GB/T 30732—2014)对煤泥试样组成进行分析,分析煤样得到的具体测定结果如表 5-1 所示。

表 5-1 煤泥试样的工业分析

指标	$M_{ad}/\%$	$A_d/\%$	$V_{daf}/\%$	$FC/\%$
数值	7.18	62.69	57.87	42.13

由表 5-1 可知,该煤样的干燥基灰分为 62.69%,表明此煤样属于高灰分煤泥,煤化程度比较低,煤样中含有大量黏土类矿物,所占比例较大。这类黏土矿物相较于煤泥水体系中其他颗粒具有比表面积大、吸水膨胀的特性。当遇水时,它们容易泥化并形成极细的颗粒,加剧了体系的布朗运动,最终形成难以沉降的稳定体系。

2. 粒度组成分析

通过利用 CILAS 高精度激光粒度分析仪对试样进行粒度分析,测定后粒度

组成情况如图 5-1 所示。

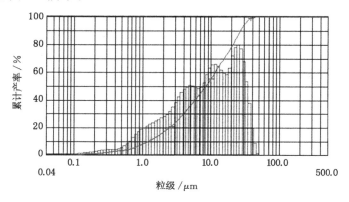

图 5-1　煤泥样品粒度分析

由图 5-1 可看出,煤泥颗粒平均粒度 d_{50} 为 11.36 μm,其中 26.45 μm 以下的煤泥占 90%,意味着煤泥水中有着大量细颗粒。煤泥水中的悬浮颗粒较小,则布朗运动剧烈,导致悬浮液接近分散和稳定的状态[161],所以更不容易沉降。

3. 煤泥矿物组成分析

为分析煤泥的矿物组成,试验采用德国 Bruker 公司制造的 X 射线衍射光谱分析仪。仪器工作条件为:测试电压和电流分别为 40 kV 和 40 mA,靶材为 Cu,连续扫描速度为 2°/min,采样间隔为 0.02°,衍射角度为 0°~90°,分析结果如图 5-2 所示。

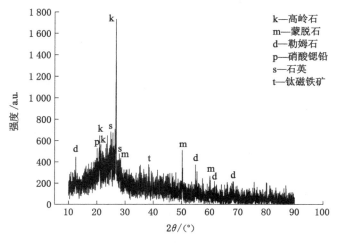

k—高岭石
m—蒙脱石
d—勒姆石
p—硝酸锶铅
s—石英
t—钛磁铁矿

图 5-2　煤泥矿物组分分析

由图 5-2 可以看出，煤泥主要矿物组成有勒姆石、高岭石等。高岭石等均属于黏土类矿物，在水中易泥化，呈极细颗粒散布在悬浮液中且颗粒表层存在显著的负电，造成煤泥水沉降的难度急剧增加。蒙脱石颗粒的存在提高了体系的电负性，增加了煤泥颗粒间的静电斥力，使体系内的颗粒维持稳定的悬浮状态，极大程度增加了颗粒凝聚沉降的复杂性。

5.1.2.2 煤泥自由沉降试验

称取一定量的煤泥试样，分别配制 20 g/L、30 g/L、40 g/L 浓度的煤泥水试样。将煤泥水倒入 500 mL 的烧杯中，搅拌使煤泥水混合均匀后静置，每隔 1 h 用浊度仪测定此时上清液的浊度，试验结果如图 5-3 所示。

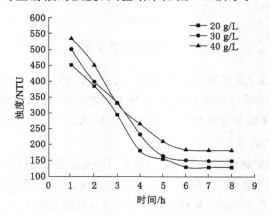

图 5-3　煤泥自由沉降试验

在试验过程中，观察到上层煤泥水中始终悬浮有大量微细颗粒，导致上清液浊度较大。从图 5-3 中可以看出，当沉降时间为 6 h 时，上清液浊度分别 127.54 NTU、147.99 NTU、177.98 NTU，并且随着时间的增加，浊度几乎不再发生变化。其原因是该煤泥中含有大量黏土矿物极易泥化，在水中产生大量极细颗粒，加剧了颗粒的布朗运动，导致颗粒间表面斥力及黏土矿物颗粒之间的静电斥力增加[162]，使颗粒在体系中稳定悬浮，从而不利于煤泥水沉降。进一步用 25 倍光学显微镜观察煤泥水底部絮团，可看到细粒基本呈松散状分布，如图 5-4 所示。

5.1.2.3 HPS-AM 对煤泥水的絮凝效果研究

1. HPS-AM 用量对煤泥水沉降效果的影响

在煤泥沉降过程中，HPS-AM 用量对沉降效果影响非常大，将直接影响絮凝药剂对煤泥作用的进程。本试验在煤泥水浓度为 40 g/L、搅拌速度为

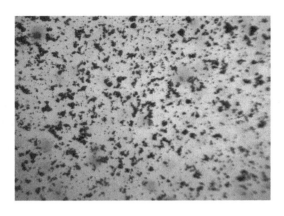

图 5-4　自由沉降底部絮体分布

20 r/min、配制 HPS-AM 溶液浓度为 0.1％时,通过改变絮凝剂用量,探究、分析 HPS-AM 用量对煤泥水絮凝性能影响,其试验结果如图 5-5 所示。

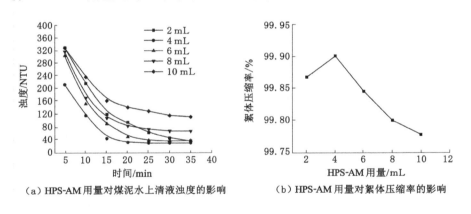

（a）HPS-AM 用量对煤泥水上清液浊度的影响　　（b）HPS-AM 用量对絮体压缩率的影响

图 5-5　HPS-AM 用量对煤泥水絮凝效果的影响

由图 5-5(a)可知,煤泥水上清液浊度随着沉降时间的增加逐渐减小,沉降进行 15 min 以后,浊度随时间的增加呈基本不变趋势,说明煤泥水在此之后沉降过程变化缓慢。在药剂用量为 4 mL 时,浊度达到最低值 45.12 NTU,这是因为淀粉接枝共聚物为多链立体网状结构,可在溶液中扩展,从而吸附悬浮颗粒,由于空间网捕扫卷作用使絮团在重力作用下絮凝沉降。但药剂量增加后,由于絮凝剂具有分散作用,导致絮凝效果下降。由图 5-5(b)可知,絮体压缩率随着絮凝剂的用量增加呈先增加后下降趋势,当絮凝剂用量为 4 mL 时,达到最大,此时絮体压缩率高达 99.9％。这是因为随药剂量增加,絮凝剂的分散作用导致形成的絮团不够紧密。综上,HPS-AM 用量在 4 mL 时,上清液的浊度最低,且絮体压缩率最大,表明此用量时该煤泥水的沉降效果最好,可见两者分析结果是一致的。

2. 煤泥水 pH 值对絮凝性能的影响

在煤泥水沉降过程中,其体系的 pH 值不仅对煤泥的性质有影响,还会对 HPS-AM 的溶解性能有一定影响,所以探究煤泥水体系的 pH 值对絮凝效果的影响非常重要。本试验在搅拌速度为 20 r/min、煤泥水浓度为 40 g/L、HPS-AM 溶液浓度为 0.1%、药剂添加量为 4 mL 时,通过改变煤泥水 pH 值来探究煤泥水 pH 值对煤泥水絮凝性能的影响,试验结果如图 5-6 所示。

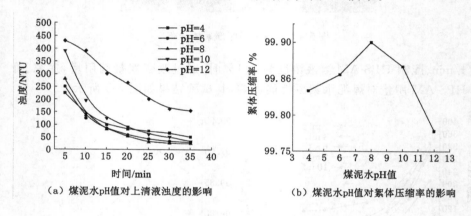

（a）煤泥水 pH 值对上清液浊度的影响　　　（b）煤泥水 pH 值对絮体压缩率的影响

图 5-6　煤泥水 pH 值对絮凝效果的影响

由图 5-6(a)(b)可知,当煤泥水的 pH 值在 4～8 区间,随着 pH 值的升高,煤泥水沉降效果呈较好趋势发展。当煤泥水的 pH 值=8 时,完全沉降后浊度为 24.69 NTU,絮体压缩率达到 99.90%,此时沉降效果达到最优。这是由于 pH 值在 4～8 区间内,随着 pH 值的升高 HPS-AM 分子链中各种基团的解离度也随之增大,产生大量酰胺基团,有利于吸附架桥作用,从而促进煤泥水的絮凝。随着 pH 值继续增加,当增大至 10 时,此时羟丙基淀粉接枝丙烯酰胺分子链中各种基团的解离度降低,使大分子链的电性中和和吸附架桥作用变弱,造成煤泥水沉降效果差。当 pH 值继续增大至 12 时,絮凝效果突然变差(浊度为 155.49 NTU),此时煤泥水呈强碱环境,煤泥颗粒表面发生反应,反应生成一层氢氧化物亲水性薄膜覆盖在煤泥表面。一方面导致煤泥颗粒所处分散状态难以破坏;另一方面药剂的长链对煤泥颗粒的吸附作用减弱,部分聚集细粒仍分散在悬浮液中,上清液浓度升高。

综上所述,pH 值在 6～8 时,具有较好的絮凝效果,pH 值为 10～12 时,有所下降,但也能满足现场需求。由此可知,该药剂受 pH 值的影响较小,应用范围广,前景较好。

3. 搅拌速度对絮凝性能的影响

在实际的絮凝过程中,搅拌速度作为水力学条件,也是一个重点考察因素,它会影响到絮凝剂在水中的分散,进而决定絮凝剂分子与煤泥颗粒之间结合的程度。本试验在煤泥水浓度为 40 g/mL、HPS-AM 浓度为 0.1%、添加药剂量为 4 mL 时,改变搅拌速度以探究搅拌速度对煤泥水絮凝性能的影响,试验结果如图 5-7 所示。

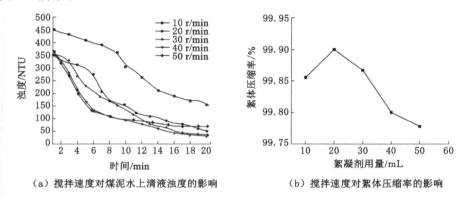

（a）搅拌速度对煤泥水上清液浊度的影响　　（b）搅拌速度对絮体压缩率的影响

图 5-7　搅拌速度对煤泥水絮凝效果的影响

由图 5-7(a)可知,搅拌速度为 10 r/min 时,煤泥水的沉降效果最差。随着搅拌速度的增加,煤泥水的沉降效果呈较好趋势发展。这是由于搅拌速度过慢时,HPS-AM 没有充分与煤泥颗粒接触,不利于絮凝剂对煤泥的吸附与卷扫网捕作用。随着搅拌速度增加至 40 r/min 时,煤泥水的浊度为 30.28 NTU,此时上清液的浓度最低,沉降效果达到最佳。继续增加搅拌速度至 50 r/min 时,浊度为 69.21 NTU,此时絮凝效果下降。这是由于搅拌速度过高,使已成型絮团的煤泥再次被打散,不利于煤泥水絮凝沉降。由图 5-7(b)可知,当搅拌速度较低时,絮凝剂没有充分与煤泥颗粒接触导致药剂的吸附作用较小,形成的絮团紧密程度低。而当转数过高时,在强外力的作用下使煤泥絮团受到破坏,导致煤泥絮团的紧密程度降低。

4. 煤泥水浓度对絮凝性能的影响

在选煤厂生产过程中煤泥水浓度对絮凝效果也有影响,这也是重点考察的因素。本试验在 HPS-AM 浓度为 0.1%、添加药剂量为 4 mL、搅拌速度为

20 r/min 时,探究并分析煤泥水浓度对煤泥水絮凝性能的影响,试验结果如图 5-8 所示。

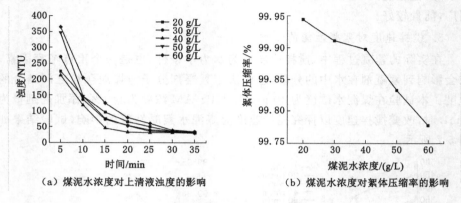

（a）煤泥水浓度对上清液浊度的影响　　（b）煤泥水浓度对絮体压缩率的影响

图 5-8　煤泥水浓度对絮凝效果的影响

由图 5-8(a)可知,沉降 15 min 时各煤泥水浓度从 20 g/L 至 60 g/L 的上清液浊度分别是 95.34 NTU、73.25 NTU、45.66 NTU、75.47 NTU、124.36 NTU,由此可知,上清液浊度随着煤泥水浓度的增加先减少后增加,在 40 g/L 时达到极小值 45.66 NTU。这是由于当煤泥水浓度太小时,HPS-AM 单位体积内能产生有效吸附架桥的煤泥相对较小,最终导致上清液浊度较高,但煤泥水浓度增加至 50 g/L 和 60 g/L 时,上清液浊度升高,原因是虽然单位体积内煤泥增多,但药剂能发生有效吸附架桥的活化点不能满足吸附更多的煤泥,最终导致浊度上升。由图 5-8(a)可知,不同煤泥水浓度的上清液浊度在 30 min 以后浊度都趋近相同,由此可知当煤泥浓度太小或太大时煤泥的沉降效率较低,需要较长时间来絮凝沉降。由图 5-8(b)可知,絮体压缩率随着煤泥水浓度的增加而降低。观察絮体压缩率的变化趋势,当煤泥水浓度从 20 g/L 增加至 40 g/L 时絮体压缩率的变化较为平缓,说明此时煤泥水浓度的增加对絮体压缩率的影响较小。当煤泥水浓度从 40 g/L 增加至 60 g/L 时絮体压缩率的变化较为陡峭,说明此时煤泥水浓度的增加对絮体压缩率的影响较大。

5.1.2.4　正交试验分析

通过对单因素试验结果分析,药剂用量、煤泥水 pH 值、搅拌速度以及煤泥水浓度这四个因素对上清液浓度以及絮体压缩率有着显著的影响,因此以上清液浓度为评价指标,采用正交试验分析来确定 HPS-AM 的最佳加药制度,因素水平见表 5-2,试验结果见表 5-3。

表 5-2　HPS-AM 絮凝煤泥水正交试验因子水平表

水平	A	B	C	D
	絮凝剂用量/mL	搅拌速度/(r/min)	煤泥水浓度/(g/L)	煤泥水 pH 值
1	2	10	30	4
2	4	20	40	6
3	6	30	50	8
4	8	40	60	10

表 5-3　正交试验结果及分析表

试验号	A 絮凝剂用量 /mL	B 搅拌速度 /(r/min)	C 煤泥水浓度 /(g/L)	D pH 值[①]	浊度/NTU
1	2	10	30	4	118.78
2	2	20	60	10	81.12
3	2	30	40	6	22.14
4	2	40	50	8	41.45
5	4	10	60	8	170.46
6	4	20	30	6	55.76
7	4	30	50	10	53.48
8	4	40	40	4	30.44
9	6	10	40	10	90.94
10	6	20	50	4	88.15
11	6	30	30	8	39.22
12	6	40	60	6	28.46
13	8	10	50	6	114.48
14	8	20	40	8	120.74
15	8	30	60	4	84.75
16	8	40	30	10	57.12
浊度平均值 1	65.87	123.67	67.72	80.53	
浊度平均值 2	77.53	86.44	66.07	55.21	
浊度平均值 3	61.69	49.90	74.39	92.97	
浊度平均值 4	94.27	39.37	91.20	70.67	
浊度极差	32.58	84.30	25.13	37.76	

注：①指煤泥水 pH 值。

由表 5-3 可知,确定较优沉降条件为 $A_1B_3C_2D_2$,从絮凝剂用量因素来看,絮凝剂用量为 6 mL 时,浊度最低;以搅拌速度因素来看,搅拌速度为 40 r/min 时,浊度最低;以煤泥水浓度因素来看,煤泥水浓度为 40 g/L 时,浊度最低;以煤泥水的 pH 值来看,pH 值为 6 时,浊度最低。由极差分析可得,影响浊度的因素主次顺序依次为:搅拌速度>pH 值>絮凝剂用量>煤泥水浓度。

为进一步验证正交试验得到的较优反应条件的可靠性和准确性,在最优絮凝条件下进行了重复试验。最优的絮凝条件为 $A_1B_3C_2D_2$,验证试验结果如表 5-4 所示。

表 5-4 验证试验结果

试验编号	上清液浊度/NTU	絮体压缩率/%
1	24.48	99.89
2	22.17	99.91
3	25.48	99.92
均值	24.04	99.91

由表 5-4 可知,在最优的絮凝条件 $A_1B_3C_2D_2$ 下,与上述试验误差小,絮凝效果最好。根据正交试验选择的最优絮凝条件合理。

5.1.2.5 HPS-AM 与其他絮凝剂对比

为探究 HPS-AM 相较于 PAM 和 HPS 在煤泥水絮凝性能上的优势,进行了煤泥水絮凝试验,结果如图 5-9 和图 5-10 所示。图 5-9 显示了 HPS、HPS-AM 和 PAM 处理的煤泥水的浊度。与 PAM 和 HPS 相比,HPS-AM 处理的煤泥水上清液浊度始终较低,表明 HPS-AM 的絮凝剂性能优于 PAM 和 HPS。具体而言,当 PAM 用作絮凝剂时,上清液的浊度随着絮凝剂用量的增加先降低后增加。当 HPS-AM 作为絮凝剂时,上清液的浊度随着絮凝剂用量的增加先降低后增加。在 4 mL 的剂量下获得最小浊度(30.19 NTU)。

HPS-AM、PAM 和 HPS 的絮凝效率如图 5-10 所示。HPS 的絮凝效率几乎为零。随着絮凝剂用量的增加,HPS-AM 和 PAM 的絮凝效率先升高后降低,但 HPS-AM 的絮凝效率远高于 PAM。当 HPS-AM 用作絮凝剂时,在 4 mL 和 10 mL 的剂量下,分别获得了最大絮凝效率(约 78%)和最低絮凝效率(约 58%)。然而,当 PAM 用作絮凝剂时,在 8 mL 的剂量下获得了最大的絮凝效率(约 40%)。通过红外光谱和热重分析相结合,进一步证明 HPS-AM 与淀粉骨架上的酰胺基团相连,其分子具有多链三维网络结构,相对分子质量进一步增加。此外,它还可以吸附在悬浮在溶液中的细颗粒上,空间净扫力对细颗粒的影响更为显著。

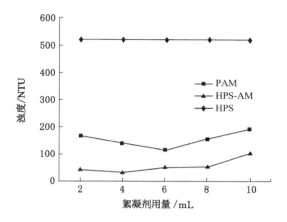

图 5-9　絮凝剂用量对煤泥水浊度的影响

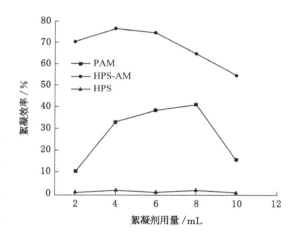

图 5-10　絮凝剂用量对絮凝效率的影响

　　总的来说,当使用低剂量的 HPS-AM 时,可以获得最佳的絮凝性能。这是因为 HPS-AM 具有较长的分子链,在絮凝过程中具有较强的桥接作用。然而,由于分子间的相互作用,高剂量的絮凝剂会削弱絮凝性能,其他研究人员也发现了同样的现象。对于 HPS,絮凝性能差是由其不溶性导致的。

　　为探究该药剂在煤泥水沉降性能方面与其他常用絮凝剂的差异,本研究在 500 mL 的量筒中配制浓度为 40 g/L 的煤泥水若干,将浓度为 0.1% PAM(1 200 万相对分子质量)、PAM(500 万相对分子质量)、浓度为 1% PAC 以及浓度为 0.1％的 HPS-AM 分别加入上述配制好的煤泥水中,搅拌使其溶解均匀,静置沉降 15 min,完全沉降后取上层清液,利用浊度仪测定其浊度,并计算其絮体压缩率。试验结果如图 5-11 和图 5-12 所示。

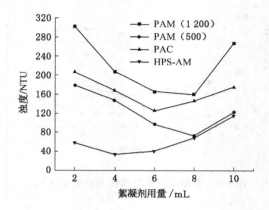

图 5-11　不同药剂对煤泥水上清液浊度的影响

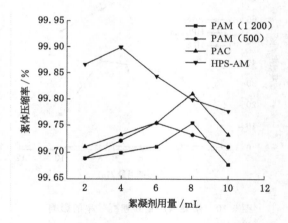

图 5-12　不同药剂对絮体压缩率的影响

由图 5-11 可知,HPS-AM 用量为 4 mL 时达到最优,上清液浊度为 33.64 NTU。当药剂量为 2 mL 时 HPS-AM 作用于煤泥水上清液浊度分别低于 PAM(1200 万相对分子质量)80.74％、低于 PAM(500 万相对分子质量) 67.55％、低于 PAC 72.05％。当药剂量为 4 mL 时 HPS-AM 作用于煤泥水上清液浊度分别低于 PAM(1 200 万相对分子质量)83.87％、低于 PAM(500 万相对分子质量)77.25％、低于 PAC 80.08％。当药剂量为 6 mL 时 HPS-AM

作用于煤泥水上清液浊度分别低于 PAM(1 200 万相对分子质量)75.47％、低于 PAM(500 万相对分子质量)58.37％、低于 PAC 67.86％。当药剂量为 8 mL 时 HPS-AM 作用于煤泥水上清液浊度分别低于 PAM(1 200 万相对分子质量)56.68％、低于 PAM(500 万相对分子质量)4.7％、低于 PAC 52.61％。当药剂量为 10 mL 时 HPS-AM 作用于煤泥水上清液浊度分别低于 PAM(1 200 万相对分子质量)56.95％、低于 PAM(500 万相对分子质量)6.68％、低于 PAC 34.48％。

　　由图 5-12 可知,四种不同的絮凝药剂作用于煤泥水时絮体压缩率均随药剂量的增加呈先上升后降低的趋势。HPS-AM 用量为 4 mL 时,絮体压缩率达到最高为 99.90％。而且在药剂用量相同时 HPS-AM 作用于煤泥水时絮体压缩率均高于其他絮凝药剂作用下的煤泥水,且比上述药剂达到最佳时的絮体压缩率平均高 0.18％。

　　综上所述,进一步表明 HPS-AM 与其他絮凝剂对比,其处理过的煤泥水上清液浊度低,透光率高,絮体压缩率高,说明接枝共聚物的絮凝剂絮凝效果要优于其他絮凝剂。

5.1.3　HPS-AM 强化煤泥水絮凝的作用机制

5.1.3.1　絮团形貌分析

　　为直观分析不同药剂对煤泥水体系絮凝性能的影响,使用 25 倍显微镜观察了絮体成型过程中的絮团,结果如图 4-12 所示。

　　为进一步探究 HPS-AM 作用于煤泥水优于其他药剂的原因,通过体视镜放大 25 倍观察各药剂成型过程。试验结果如图 5-13～图 5-16 所示,图中的(a)(b)(c)分别对应未加药剂、加药剂作用煤泥时半成型絮体及成型絮体形成的三个阶段。

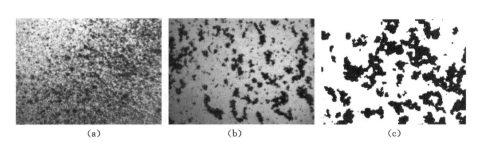

(a)　　　　　　　(b)　　　　　　　(c)

图 5-13　1 200 万相对分子质量 PAM 作用絮团成型过程

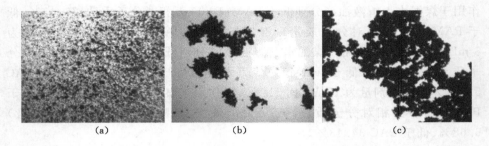

图 5-14　500 万相对分子质量 PAM 作用絮团成型过程

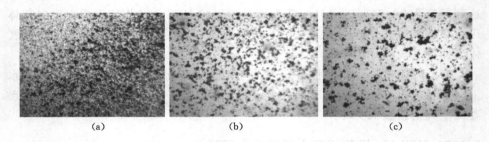

图 5-15　PAC 作用絮团成型过程

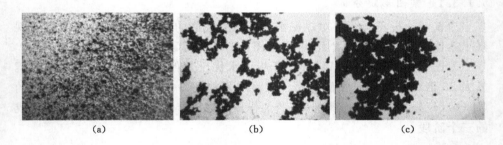

图 5-16　HPS-AM 作用絮团成型过程

　　图 5-16（a）为未加入药剂时，煤泥颗粒间距很大，表现为排斥能较大，并且絮体体积小。图 5-16（b）为加入 HPS-AM 后的半成型絮体的显微形貌。吸附架桥主要因为 HPS-AM 的相对分子质量大，在与煤泥接触过程中，会依靠静电吸附力、范德瓦耳斯力等对煤泥颗粒产生吸附作用，此时链的中部与两端，会和多个煤泥颗粒间产生互连接，有"桥连"的效果，详见图 5-17（a）。吸附架桥即分子链长链一端产生吸附后，另外一端延展到其他颗粒表面吸附，建立"絮体—分子链—絮体"结构，对比其他药剂，HPS-AM 作用下煤泥成型絮体

较 PAM(1 200 万)、PAC 药剂作用下的煤泥絮体更长、更大。图 5-16(c)为加入 HPS-AM 成型絮体的微观形貌,较 PAM(500 万)作用下的煤泥絮团压实,进一步表明 HPS-AM 吸附架桥作用优于 PAM(1 200 万)、PAM(500 万)、PAC,更加有利于煤泥水聚团沉降,形成的絮团稳定,不易被分散,沉降效果好。这是由于 HPS-AM 的长链在溶液中完全伸展,分子链形成网状结构,对悬浮细颗粒吸附架桥能力提高,形成网捕卷扫过程,如图 5-17(b)所示。此过程能够使产生的絮体体积变大,更加有利于絮团的成型而促进煤泥水快速沉降。综合上述结果说明,羟丙基淀粉作用下的絮团体积大且紧致有利于沉降,与上述试验结果相对应。

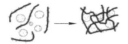 

（a）吸附架桥作用　　　　　　　　　　（b）网捕卷扫作用

图 5-17　药剂作用过程示意图

分形维数可以代表絮体的紧实程度,二者呈正相关关系。分形维数越大,絮团结构越紧实,沉降效果越好。在对絮团形貌进行观测后进一步计算不同絮凝剂处理煤泥水产生絮团的分形维数,评判各絮凝剂的絮凝性能。从图 5-13～图 5-16 中各选中五个絮团,测量其实际尺寸,记录单个絮团的最大长度 L 及面积 A,以 $\ln L$ 为横坐标,$\ln A$ 为纵坐标,拟合出线性回归曲线,其斜率即为絮团的二维分形维数。不同絮凝剂处理煤泥水所形成絮团的分形维数如图 5-18 所示。

由图 5-18 可知,以 1 200 万相对分子质量 PAM、500 万相对分子质量 PAM、PAC、HPS-AM 作为絮凝剂处理煤泥水时产生的絮体分形维数分别为 1.39、2.10、1.69、2.33,四种药剂在处理煤泥水时,HPS-AM 分形维数最大,即 HPS-AM 絮凝效果优于另外三者。通过分形维数的对比,证明 1 200 万相对分子质量 PAM、500 万相对分子质量 PAM、PAC 在絮凝过程中形成的絮团具有结构松散程度高、粒径较小的缺点,沉降效果较差。而 HPS-AM 处理煤泥水时,可以将絮团更好地黏结在一起,一定程度上提高了絮团的规则程度,使得产生的絮团粒径更大、结构更致密,进而有助于煤泥水的沉降。这是由于 HPS-AM 的长链在溶液中完全伸展,分子链形成网状结构,对悬浮细颗粒吸附架桥能力提高,形成网捕卷扫过程如图 5-17(b)所示,此过程能够使产生的絮体体积变大,更加有利于絮团的成型而促进煤泥水快速沉降。综合上述结果说明 HPS-AM 作用下的絮团体积大且紧致有利于沉降,与上述试验结果相对应。

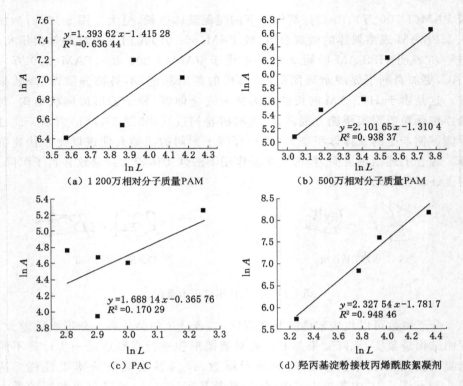

（a）1 200万相对分子质量PAM

（b）500万相对分子质量PAM

（c）PAC

（d）羟丙基淀粉接枝丙烯酰胺絮凝剂

图 5-18　絮团分形维数

5.1.3.2　不同药剂作用煤泥水电位分析

煤泥水中颗粒结构相对复杂,从矿物 X 射线衍射分析得知,煤泥中含有大量高岭石、蒙脱石等具备显著极性的矿物。极性矿物具有极为复杂的晶体结构,矿物表层具有许多极性基团,在水介质中会电离出大量的负电荷,表现形式为具有高的 Zeta 电位。Zeta 电位一般用 ζ 来表示,是表征煤泥颗粒表面荷电状况的关键数据,ζ 的绝对值越高,颗粒间的静电斥力也会越高,煤泥水体系会更加稳定。取自然沉降环境上层悬浊液为研究过程中测定的样品,为确保测定数据的精准性,在试验时测量三组平行样。测定该部分试验样品煤泥水的 Zeta 电位采用 JS94H 型微电泳仪。试验结果如表 5-5 所示。

表 5-5　煤泥样品 Zeta 电位

煤泥	煤泥样品 1	煤泥样品 2	煤泥样品 3	平均值
Zeta 电位/mV	-30.54	-30.50	-30.46	-30.50

由表 5-5 可知,试验煤泥样品的 Zeta 电位平均值为 -30.50 mV。由此可见,此煤泥水表面电位较高,这是由于煤泥中含有大量黏土矿物,其主要成分为 SiO_2 与 Al_2O_3,在水介质中形成表面负电性强的胶体颗粒,最终导致煤泥颗粒表面电位较大,此时导致煤泥颗粒之间具有很强的静电斥力,在外力作用下煤泥颗粒很难接近形成絮团,最终形成稳定的悬浮体系,造成煤泥水难以沉降。

此外为考察不同药剂对煤泥水体系中的 Zeta 电位产生变化情况。本研究采用 JS94H 型微电泳仪测定未加药剂以及相同药剂量下不同药剂时 Zeta 电位如表 5-6 所示。

表 5-6　不同药剂作用煤泥水的 Zeta 电位

样品	原煤样	HPS-AM	PAM (500 万)	PAM (1 200 万)	PAC
Zeta 电位/mV	-30.47	-19.23	-22.58	-25.73	-23.12

由表 5-6 可知,加入絮凝剂后,煤颗粒表面的 Zeta 电位相较于原煤颗粒有所下降,Zeta 电位的降低导致煤泥之间排斥势能减少。Zeta 电位降低得越多,煤泥水悬浮液越容易失去稳定性,最终导致煤泥颗粒之间就可进行碰撞凝聚。HPS-AM 使煤泥水体系的 Zeta 电位下降得最多,进一步说明 HPS-AM 絮凝煤泥水有较好的效果。

5.2　HPS-AM-DMDAAC 对煤泥水絮凝沉降的影响研究

5.2.1　试验方法

1. 絮体压缩率

通过絮体压缩率来表征澄清水作为循环水利用率的重要指标,具体算法见式(5-1)。

2. 絮凝效率测定

试验配制浓度为 0.1% 的 HPS-AM-DMDAAC 溶液待用,配制一定浓度的煤泥水,用注射器加入定量 HPS-AM-DMDAAC 絮凝剂,上下匀速翻转六个回合,使药剂与煤泥水充分融合,静置后开始计时,5 min 后记录絮体高度,15 min 后取上清液测吸光度。絮凝效率计算式见式(5-2)。

3. 絮团分形维数测定

通过计算絮团的分形维数表征絮体的密实度,分形维数越大其絮团结构越紧密,沉降效果越好。分形维数的计算公式见式(5-3)。

5.2.2 试验结果与分析

5.2.2.1 药剂投加量对絮凝效果的影响

试验用煤泥水浓度为 40 g/L,反应温度 20 ℃,pH 值为 8。考察 HPS-AM-DMDAAC 投加量对絮凝效率、絮体压缩率的影响,结果如图 5-19 所示。

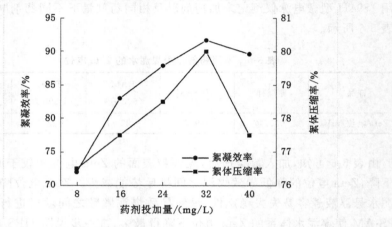

图 5-19　药剂投加量对絮凝效果的影响

从图 5-19 可得,随着药剂投加量的增加,絮凝效率及絮体压缩率不断提高,在投加量为 32 mg/L 时达到最大值,随后呈下降趋势。这是由于在阳离子改性絮凝剂 HPS-AM-DMDAAC 投加量较少的情况下,其所带正电荷较少,不足以与煤泥颗粒表面负电荷中和,主要靠吸附架桥、网捕卷扫作用来清除煤泥水中悬浮絮体。随着投加量的增加,正电荷的增多能中和煤泥颗粒表面的负电荷,且双电层不断被压缩,絮凝效率和絮体压缩率有所提高。但投加量超过一定量时,煤泥颗粒易被高分子药剂包裹,吸附空位减少,难与其他已吸附药剂的颗粒架桥连接,产生空间位阻效应,阻碍颗粒碰撞聚集,导致絮凝效率及絮体压缩率下降[163]。

综上,HPS-AM-DMDAAC 的最佳投加量为 32 mg/L。

5.2.2.2 煤泥水浓度对絮凝效果的影响

试验用药剂投加量为 32 mg/L,pH 值为 8,反应温度 20 ℃。考察煤泥水浓度对絮凝效率、絮体压缩率的影响,结果如图 5-20 所示。

由图 5-20 可知,随着煤泥水浓度的增加,絮体压缩率呈不断下降趋势,这主

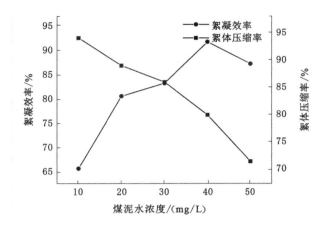

图 5-20　煤泥水浓度对絮凝效果的影响

要由煤泥颗粒含量的差异造成。煤泥水浓度较低时,颗粒含量较少,压实层高度较低,絮体压缩率较高,而随着煤泥水浓度不断升高,颗粒间距变小,斥力增加,运动过程中阻力随之增大,一定时间内絮体压缩率不断降低。同时,随着煤泥水浓度的增加,体系中负电离子相对增加,静电斥力的增强也导致煤泥水絮体压缩率降低。絮凝效率随煤泥水浓度增加呈先升后降趋势,因为煤泥水浓度增加使悬浮颗粒沉降速度变慢,从而使药剂分子可以充分发挥架桥、卷扫作用,将微细颗粒相互连接,上清液澄清程度提高,絮凝效率提高[164-165]。而当煤泥水浓度继续上升,黏土矿物含量不断增加,体系黏度增大,导致絮凝效果变差。另一方面,煤泥水浓度继续增加,药剂吸附已达到饱和,剩余颗粒在无药剂作用情况下,无法聚团沉降,絮凝效率下降。

5.2.2.3　反应温度对絮凝效果的影响

试验用药剂投加量 32 mg/L,pH 值为 8,煤泥水浓度为 40 g/L。考察反应温度对絮凝效率、絮体压缩率的影响,结果如图 5-21 所示。

从图 5-21 可知,絮凝效率与絮体压缩率随反应温度不断升高呈先升后降趋势。温度较低时,煤泥水黏度较大,分子间产生的阻力使煤泥颗粒的布朗运动强度减弱,阻碍了颗粒之间相互碰撞,同时,液体黏度较高会增大水流的剪切力,在其作用下絮团易遭到破坏,对煤泥水絮凝产生不利影响。随着温度的升高,HPS-AM-DMDAAC 分子链充分溶胀,煤泥水溶液黏度也有所降低,煤泥颗粒运动强度增大,促进了煤泥颗粒与 HPS-AM-DMDAAC 分子链上的吸附空位结合,从而不断聚集沉降,反应温度为 20 ℃时,絮凝效果最佳。当温度进一步升高

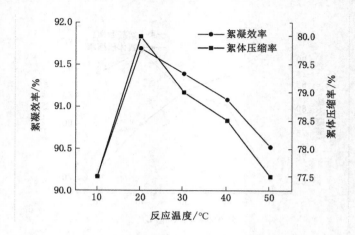

图 5-21　反应温度对絮凝效果的影响

时,絮凝剂分子链遭到破坏发生断裂,造成絮凝性能的下降,且煤泥颗粒布朗运动更加强烈,易使絮团发生二次分散,从而降低煤泥水絮凝效率及絮体压缩率[166]。

5.2.2.4　pH 值对絮凝效果的影响

试验用药剂投加量 32 mg/L,煤泥水浓度为 40 g/L,反应温度 20 ℃。研究煤泥水 pH 值对絮凝效果的影响,改变煤泥水 pH 值分别为 2、4、6、8、10,测定絮凝效率、絮体压缩率,结果如图 5-22 所示。

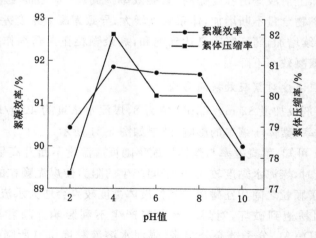

图 5-22　pH 值对絮凝效果的影响

据图 5-22 可知,随着 pH 值的不断升高,絮凝效率及絮体压缩率呈先升高后下降的趋势。这是因为在强酸环境中,HPS-AM-DMDAAC 分子链会受到一定破坏,导致絮凝效率、絮体压缩率不高,而随着 pH 值升高,在弱酸环境中,溶液中 H^+ 可中和煤泥颗粒表面的—OH,减小颗粒之间的排斥力,压缩煤泥颗粒表面双电层[167],而随着 pH 值的增加,溶液处于碱性环境中,煤泥水体系所含的 H^+ 减少,OH^- 增加,矿物颗粒表面的—OH 与溶液中的 OH^- 发生络合反应,增加了颗粒间的排斥力,不利于煤泥水沉降。但从整体来看,该药剂在不同 pH 值下处理煤泥水时,絮凝效率均在 90% 以上,说明其 pH 值适用范围较广。

5.2.3　絮凝试验条件优化

5.2.3.1　正交试验方案

基于上述单因素试验研究结果,确定选取絮凝效率为煤泥水絮凝效果评价指标,并以煤泥水浓度、药剂投加量、pH 值、反应温度为影响因素做四因素三水平正交试验,从而确定各因素的最佳条件,因素水平表如表 5-7 所示。

表 5-7　正交试验因素水平表

水平	A	B	C	D
	药剂投加量/(mg/L)	pH 值	煤泥水浓度/(g/L)	反应温度/℃
1	24	4	30	20
2	32	6	40	30
3	40	8	50	40

5.2.3.2　正交试验结果及分析

按照表 5-7 的正交试验设计进行正交试验,得出试验结果见表 5-8。

表 5-8　正交试验结果

试验号	因素				评价指标
	A	B	C	D	絮凝效率/%
1	24	4	30	20	90.17
2	24	6	40	30	89.44
3	24	8	50	40	88.05
4	32	4	40	40	89.13

表 5-8(续)

试验号	因素				评价指标
	A	B	C	D	絮凝效率/%
5	32	6	50	20	91.13
6	32	8	30	30	86.67
7	40	4	50	30	90.56
8	40	6	30	40	88.14
9	40	8	40	20	89.65
K_1	89.22	89.95	88.33	90.32	
K_2	88.98	89.57	89.41	88.89	
K_3	89.45	88.12	89.91	88.44	
R	0.47	1.83	1.58	1.88	

根据表 5-8 中的试验结果,进行絮凝效率影响因素分析,结果见图 5-23。

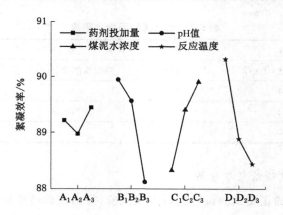

图 5-23　基于正交试验数据的絮凝效率影响因素分析

由图 5-23 的正交试验结果分析可知,最佳絮凝效率水平组合为 $A_3B_1C_3D_1$,即药剂投加量为 40 mg/L,pH 值为 4,煤泥水浓度为 50 g/L,反应温度为 20 ℃时絮凝效果最佳。据此进行验证试验,试验结果表明在该条件下絮凝效率达 93.86%,絮凝效果优于其他各条件组合,可作为最佳絮凝条件。对不同水平下的絮凝效率进行方差分析,结果见表 5-9。

表 5-9　絮凝效率方差分析

方差来源	自由度 f	偏差平方和 S	平均偏差平方和 V	F 值	P 值/%
A	2	0.34	0.17	0.086	2.18
B	2	5.59	2.80	1.431	35.76
C	2	3.94	1.97	1.009	25.21
D	2	5.76	2.88	1.474	36.85
合计	8	15.63			100.00

由表 5-9 可知,各因素对絮凝效率的影响顺序为:D＞B＞C＞A,即影响最大的是反应温度,其次是 pH 值、煤泥水浓度,药剂投加量对絮凝效率影响最小。

5.2.3.3　絮凝效果对比分析

根据上述单因素试验及正交试验结果,选取 APAM、HPS-AM、CPAM 与 HPS-AM-DMDAAC 作对比,以絮凝效率及絮体压缩率为评价指标,对比不同絮凝剂在上述最佳絮凝条件下分别处理 A、B 煤泥水时的效果,评判 HPS-AM-DMDAAC 的絮凝性能。

分别取 APAM、HPS-AM、CPAM、HPS-AM-DMDAAC 配制为 0.1% 溶液,在室温下配制浓度为 50 g/L 的 A 煤泥水及 B 煤泥水,煤泥水的 pH 值均为 4。在相同投加量的情况下,对比四种不同絮凝剂处理煤泥水的效果,结果见图 5-24。

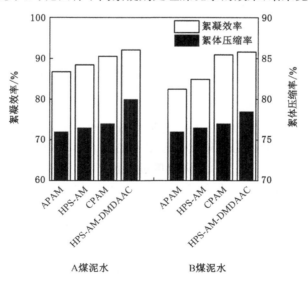

图 5-24　不同絮凝剂处理煤泥水的絮凝效果对比

由图 5-24 可知,A 煤泥水和 B 煤泥水絮凝效果总体差距不大,均在 5.00％以内。最优加药量条件下,HPS-AM-DMDAAC 处理 A 煤泥水时,絮凝效率和絮体压缩率均最高,分别为 93.86％、80.00％,其絮凝效率分别比 APAM、HPS-AM、CPAM 高 5.37％、3.64％、1.56％,絮体压缩率分别比 APAM、HPS-AM、CPAM 高 4.00％、3.50％、3.00％;处理 B 煤泥水时,絮凝效率、絮体压缩率分别为 91.60％、78.50％,其絮凝效率分别比 APAM、HPS-AM、CPAM 高 9.13％、6.75％、0.73％,絮体压缩率分别比 APAM、HPS-AM、CPAM 高 2.50％、2.00％、1.50％。经对比得出,无论处理 A 煤泥水还是 B 煤泥水,四种絮凝效果好坏的先后排序依次为 HPS-AM-DMDAAC、CPAM、HPS-AM、APAM,这是由于 APAM 带负电荷,使原本带负电的颗粒负电性更强,单独使用时不利于沉降,通常搭配凝聚剂一起使用,但其相对分子质量较大的特性使其仍具备絮凝性能。HPS-AM 为非离子型絮凝剂,其本身相对分子质量较低且不带电荷,对煤泥颗粒的捕捉能力较弱,絮凝性能较差,而 CPAM 虽然带有正电荷,但其为单链线型结构,絮凝时以吸附架桥作用为主,不能发生网捕卷扫作用,絮凝效果也较差。本试验合成 HPS-AM-DMDAAC 带有季铵盐阳离子,煤泥颗粒表面所带负电荷会被药剂分子所带正电荷中和,从而双电层压缩变窄、煤泥表面电位趋近于零,颗粒受布朗运动的影响相互碰撞、凝聚,同时由于 HPS-AM-DMDAAC 具有半刚性多支链网状结构和大量极性基团,在弱酸环境下能够充分舒展分子链,可以将远距离的胶粒桥连成一个整体,加速沉降,提高絮凝效果,除此之外,还可以对煤泥水中悬浮的微细颗粒起到很好的网捕卷扫作用,从而絮凝效果最优[168]。

5.2.4 HPS-AM-DMDAAC 强化煤泥水絮凝的作用机制

5.2.4.1 絮团特性对比

絮团的粒径分布、密度、孔隙率、分形维数通常用来作为煤泥水沉降效果的物理参量。其中,絮团的分形维数包含了絮团的大小、密实度等信息,可以用来对絮凝体形态结构、生长过程、沉降速度进行预测,同时也反映了絮凝体的形成过程及规律。本节从絮团形貌以及絮团分形维数角度对比分析 HPS-AM-DMDAAC 与 APAM、HPS-AM、CPAM 处理煤泥水时所产生的絮团特性差异。利用体视镜观测放大 25 倍下不同絮凝剂在药剂用量为 40 mg/L 时絮凝煤泥水所产生絮团,处理两种煤泥水时产生絮团的形貌如图 5-25 和图 5-26 所示。

图 5-25(a)～图 5-25(d)分别为 APAM、HPS-AM、CPAM、HPS-AM-DMDAAC 处理 A 煤泥水产生的絮团,APAM 处理产生的絮团粒径最小,且分布分散。HPS-AM 处理产生的絮团粒径较 APAM 处理后絮团粒径有所增大,

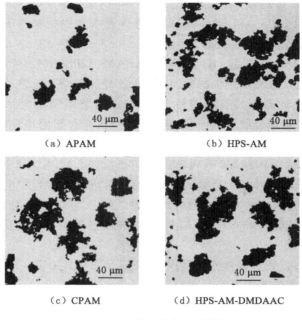

（a）APAM　　　　　　　　（b）HPS-AM

（c）CPAM　　　　　（d）HPS-AM-DMDAAC

图 5-25　A 煤泥水絮团形貌图

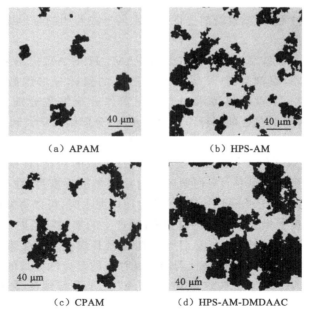

（a）APAM　　　　　　　　（b）HPS-AM

（c）CPAM　　　　　（d）HPS-AM-DMDAAC

图 5-26　B 煤泥水絮团形貌图

但大粒径絮团数量仍较少。CPAM 处理产生的絮团粒径虽然较大,但结构松散,孔隙较多,而 HPS-AM-DMDAAC 处理煤泥水产生的絮团不仅粒径较大且孔隙较少,明显优于其他絮凝剂。

图 5-26(a)～图 5-26(d)分别为 APAM、HPS-AM、CPAM、HPS-AM-DMDAAC 处理 B 煤泥水产生的絮团,APAM 处理 B 煤泥水产生的絮团与处理 A 煤泥水时产生的絮团具有相同特点,粒径小且絮团间距大。HPS-AM 处理 B 煤泥水产生的絮团链状结构明显,但结构松散,存在絮团稳定性较差的缺点,易在后续沉降过程发生絮团再分散现象。CPAM 絮凝产生的絮团尺寸较小、布局分散,絮团链状结构较短,不利于后续絮凝沉降。HPS-AM-DMDAAC 处理 B 煤泥水产生絮团尺寸最大且絮团间距较近,后续沉降过程中间距较近的絮团会发生再聚集,絮团尺寸有继续增大的趋势。综上,从宏观上分析,无论在处理 A 煤泥水还是 B 煤泥水时,HPS-AM-DMDAAC 的絮凝性能都优于其他三种絮凝剂。

分形维数可以代表絮体的紧实程度,二者呈正相关关系。分形维数越大,絮团结构越紧实,沉降效果越好。在对絮团形貌进行观测后进一步计算不同絮凝剂处理煤泥水产生絮团的分形维数,评判各絮凝剂的絮凝性能。从图 5-25～图 5-26 中各选中五个絮团,测量其实际尺寸,记录单个絮团的最大长度 L 及面积 A,以 $\ln L$ 为横坐标,$\ln A$ 为纵坐标,拟合出线性回归曲线,其斜率即为絮团的二维分形维数[96]。不同絮凝剂处理煤泥水所形成絮团的分形维数如图 5-27～图 5-28 所示。

由图 5-27 和图 5-28 可知,以 APAM、HPS-AM、CPAM、HPS-AM-DMDAAC 作为絮凝剂处理 A 煤泥水时产生的絮体分形维数分别为 1.45、1.80、1.89、2.40,处理 B 煤泥水时产生的絮体分形维数分别为 1.19、1.22、1.32、1.64,四种药剂在处理两种不同煤泥水时,分形维数从大到小的排序相同,依次是 HPS-AM-DMDAAC、CPAM、HPS-AM、APAM,即 HPS-AM-DMDAAC 絮凝效果优于另外三者。通过分形维数的对比,证明 APAM、HPS-AM、CPAM 在絮凝过程中形成的絮团具有结构松散程度高、粒径较小的缺点,沉降效果较差。而 HPS-AM-DMDAAC 处理煤泥水时,可以将絮团更好地黏结在一起,一定程度上增强了絮团的规则程度,产生的絮团粒径更大、结构更致密,有助于煤泥水沉降。同等条件下,各絮凝剂处理 B 煤泥水产生絮团的分形维数均小于处理 A 煤泥水,这是由最佳药剂制度存在的差异性导致的,但 HPS-AM-DMDAAC 处理 A、B 煤泥水效果均较佳,以上分析与絮凝效果的结果分析一致。

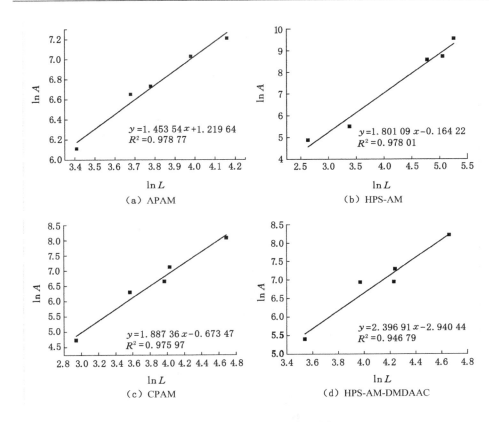

图 5-27　A 煤泥水絮团分形维数

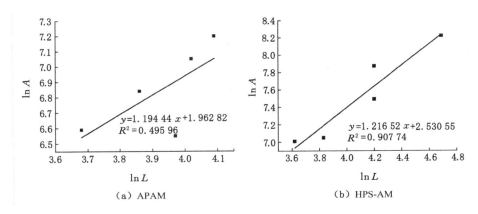

图 5-28　B 煤泥水絮团分形维数

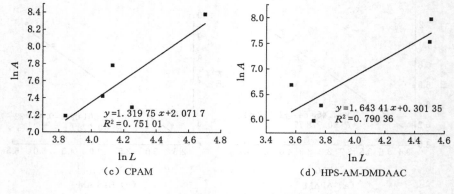

（c）CPAM （d）HPS-AM-DMDAAC

图 5-28 （续）

5.2.4.2 Zeta 电位对比

煤泥颗粒表面的 Zeta 电位与其在水溶液中的聚集与分散状态息息相关，是反映煤泥水处理药剂效果好坏及机理解释的重要参数。通过对比使用 HPS-AM-DMDAAC、HPS-AM、CPAM、APAM 絮凝煤泥水时煤泥颗粒表面 Zeta 电位的变化，结果如图 5-29 所示。

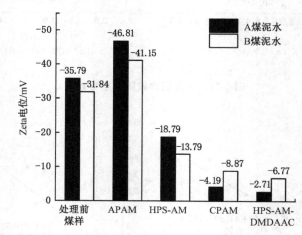

图 5-29 不同絮凝剂作用下的煤泥颗粒表面 Zeta 电位

根据图 5-29 可知，A 煤泥水、B 煤泥水在未经处理情况下煤泥颗粒表面 Zeta 电位分别为 -35.79 mV、-31.84 mV，均有较强的负电性，很难自行聚团沉降。在上述最佳加药量情况下，APAM 由于自身所带负电，将煤泥 Zeta 电位进一步提高。HPS-AM 使 A 煤泥水中颗粒表面 Zeta 电位从 -35.79 mV 降到了-18.79 mV,降低了 47.50%,CPAM 使其降到了-4.19 mV,降低了 88.29%,而 HPS-AM-DMDAAC 使其降低到了-2.71 mV,降低了 92.43%,接近于零电点。在处理 B 煤泥水时,HPS-AM 使其颗粒表面 Zeta 电位从-31.84 mV 降到了-13.79 mV,降低了 56.69%,CPAM 使其降到了-8.87 mV,降低了 72.14%,HPS-AM-DMDAAC 使其降低到了-6.77 mV,降低了 78.74%。

由上述数据分析可得,无论处理 A 煤泥水还是 B 煤泥水,HPS-AM-DMDAAC 在降低煤泥颗粒表面 Zeta 电位方面均位于第一,最大降低比例可达 92.43%。这是因为 HPS-AM-DMDAAC 药剂分子链较长,与煤泥颗粒表面接触概率增大,同时也中和了煤泥颗粒表面负电荷,明显压缩了煤泥颗粒表面的双电层,Zeta 电位有效降低,促进煤泥颗粒失稳并沉降。

5.3　超声强化新型絮凝剂对煤泥水絮凝沉降的影响

5.3.1　引言

我国以湿法选煤为主,煤泥水是煤炭分选的必然产物,其中细泥难以沉降会造成选煤厂循环水质量恶化、精煤质量污染,所以煤泥水处理是煤炭分选领域一直关注的问题[12]。煤泥水处理常用的方法是添加絮凝剂,其中 PAM 应用范围较广,但其存在稳定性差、易降解、毒性大、污染环境等缺点。所以新型高效絮凝剂的研制是高效煤泥水处理的主要途径,而阳离子型淀粉改性絮凝剂研究较多,这种淀粉改性絮凝剂将淀粉的易降解性和阳离子单体优异的絮凝性能结合,具有良好的发展前景[56,169]。同时为了强化煤泥水沉降效果,超声处理、电化学处理等煤泥水处理技术备受重视[170,87]。

近些年来,超声波技术在化工过程强化方面显现出巨大优势。因为超声波作用于液体介质时会产生超声空化作用,空化气泡的溃灭同时伴有热效应、机械效应、化学效应等[171]。目前,超声波已被应用于污泥以及尾矿的沉降和脱水过程,并取得了良好的效果。

因此,本节通过对煤泥水进行超声预处理,强化自制阳离子型淀粉改性絮凝剂(HPS-AM-DMDAAC)对煤泥水的絮凝效果;探究了超声功率、超声时间、药剂投加量、煤泥水浓度对絮凝效果的影响。通过正交试验确定最佳絮凝工艺,并进一步通过方差分析探究了各因素对絮凝效果影响的显著性。最后对比超声预处理前后煤泥水的絮凝效果、Zeta 电位、絮团特性,证明超声预处理具有强化絮凝效果的作用,同时分析了其强化作用机理,为难沉降煤泥水的澄清处理提供一定的参考价值。

5.3.2　试验材料与方法

原料及试剂：内蒙古某选煤厂浮选尾煤（灰分 40.40%、−0.074mm 含量 81.38%），主要脉石矿物高岭石；自制阳离子型淀粉改性絮凝剂（HPS-AM-DMDAAC）；氢氧化钠［AR，福晨（天津）化学试剂有限公司］；盐酸（AR，天津市化学试剂三厂）。

采用激光粒度分析仪（法国 CILAS 公司，Cilas990 型）对煤样−0.045 mm 粒级进行激光粒度分析，结果如图 5-30 所示。煤泥样品中小于 1.00 μm 的煤泥颗粒累计含量为 10%，小于 6.23 μm 的煤泥颗粒累计含量为 50%，小于 19.77 μm 煤泥颗粒累计含量为 90%，微细颗粒含量较高，泥化现象严重，加大了煤泥水沉降的难度。

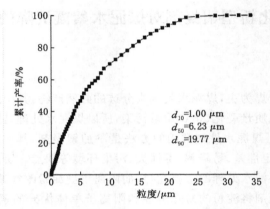

图 5-30　−0.045 mm 颗粒粒度组成分析

采用 X 射线衍射光谱分析仪（Bruker）对煤泥组分进行分析，结果如图 5-31 所示。从图 5-31 中可得，该煤样主要由石英、高岭石、迪开石、绿泥石、伊利石构成，其中石英为氧化矿物，密度较大易于自然沉降，高岭石、迪开石、绿泥石、伊利石属于黏土矿物，具有极易泥化、负电性强、亲水性强等特点，且其占比较大，造成煤泥水难以沉降。

5.3.3　试验结果与分析

5.3.3.1　正交试验分析

以药剂投加量、超声功率、超声时间、煤泥水浓度为影响因素，试验选取絮凝效率为评价指标，设计了 $L_9(4^3)$ 正交试验因子水平表，见表 5-10。正交试验结果见表 5-11。

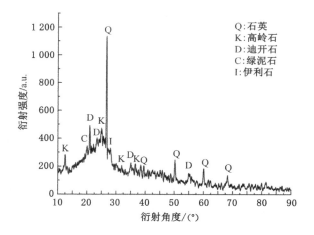

图 5-31　煤泥 XRD 分析

表 5-10　正交试验因子水平表

水平	A	B	C	D
	药剂投加量/(mg/L)	超声功率/W	超声时间/min	煤泥水浓度/(g/L)
1	16	192	4	30
2	24	288	6	40
3	32	384	8	50

表 5-11　正交试验结果及分析

试验号	因素				评价指标
	A	B	C	D	絮凝效率/%
1	16	192	4	30	85.67
2	16	288	6	40	1.95
3	16	384	8	50	73.46
4	24	192	6	50	81.47
5	24	288	8	30	89.26
6	24	384	4	40	91.17
7	32	192	8	40	87.66
8	32	288	4	50	72.03
9	32	384	6	30	89.57

表 5-11(续)

试验号	因素				评价指标
	A	B	C	D	絮凝效率/%
平均絮凝效率 1	53.69	84.93	82.96	88.17	
平均絮凝效率 2	87.3	54.41	57.66	60.26	
平均絮凝效率 3	83.09	84.78	83.46	75.65	
极差	33.61	30.52	25.8	27.91	

根据表 5-11 的试验结果,计算四个因素在不同水平下絮凝效率总和的均值,即为平均絮凝效率,它可以用来评估各因素对絮凝效率的影响趋势,从而优化絮凝条件。每个因素均值所对应的最高峰值,即为该因素的最佳水平,由该值来确定最佳絮凝效率的反应条件[30]。

四个因素在不同水平下絮凝效率总和的均值如图 5-32 所示。对于絮凝剂用量来说,随着药剂投加量的增加,絮凝效率呈现先增后减趋势,在 16 mg/L 时絮凝效率较低。这表明,药剂量较低时,絮凝效率呈下降趋势。Razali 等[170]指出在絮凝高岭土悬浊液时,药剂量较低时,没有足够药剂使颗粒间形成架桥,所以浊度去除率较低,絮凝效果较差。

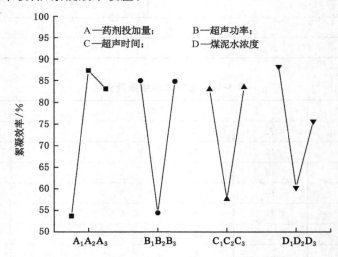

图 5-32　基于正交试验数据的絮凝效率影响因素分析

超声功率是超声参数中较为重要的一个,其代表超声强度的大小,不同超声强度对应的超声阈值有所不同,所以超声功率对超声辅助煤泥水絮凝沉降有较大的影响。超声功率为 192 W 时,絮凝效率较高,而随着超声功率的增加,絮凝效率呈下降趋势,这表明超声辅助煤泥水沉降时不适宜太高功率。Chu 等[172]在文献中指出相似的结论,并非功率越大空化效果越好,因为有很多因素会影响超声波的衰减变化。Tiehm 等[173]经试验证明污泥在低功率下的分解是最显著的,高功率下空化气泡较小,不能在液体中产生强大的剪切力。

超声时间是超声辅助煤泥水絮凝沉降的另一个重要参数,絮凝效率随超声时间的延长呈现先降低后增加的趋势,在 8 min 时达到最佳。说明超声时间延长在一定程度上有助于煤泥水的絮凝沉降。这是因为一定时间范围内,超声时间的延长会带动空化效应增强,颗粒之间接触碰撞概率随之增大,同时,超声还能对亲水胶体的水化膜产生破坏,增加后续絮凝时药剂中阳离子与带负电煤泥颗粒接触机会,从而促进颗粒凝聚并促使沉降[174-175]。煤泥水浓度是煤泥水絮凝效果影响的直接因素,从图 5-32 中可以看出,随着煤泥水浓度的增加,絮凝效率呈先降后升趋势,在煤泥水浓度为 30 g/L 时絮凝效率最佳,说明煤泥水浓度的增加不利于絮凝沉降。Lin 等[176]指出当煤泥水浓度较高时,体系中的煤泥颗粒增加,黏土矿物含量增加,易发生干扰沉降,产生运动阻力,导致沉降效果变差。Huang 等[177]也得出随煤泥水浓度增加,在药剂量不变的情况下,表面负荷过大使出水浑浊恶化。

综上所述,对于本试验中煤泥水的絮凝效率,最佳工艺条件为 $A_2B_1C_3D_1$,即当药剂投加量为 24 mg/L、超声功率为 192 W、超声时间 8 min、煤泥水浓度为 30 g/L 时,絮凝效率最佳,经验证试验得出此条件下,絮凝效率可达 92.64%。

絮凝效率的方差分析如表 5-12 所示。根据各因素 P 值可判断其对絮凝效率的贡献大小。

表 5-12　絮凝效率的方差分析

方差来源	自由度 f	偏差平方和 S	平均偏差平方和 V	F 值	P 值/%
A	2	2 011.13	1 005.57	1.27	31.73
B	2	1 850.81	925.41	1.17	29.19
C	2	1 305.47	652.74	0.82	20.59
D	2	1 172.32	586.16	0.74	18.49
误差	—		586.16	—	0
合计	8	6 339.73			100.00

根据表 5-12 可知,药剂投加量对絮凝效率的影响最为重要(31.73%),其次为超声功率(29.19%)、超声时间(20.59%),最后为煤泥水浓度(18.49%)。

5.3.3.2 各因素对沉降效果的影响分析

1. 药剂投加量对煤泥水沉降效果的影响

试验配制煤泥水浓度 30 g/L,pH 值为 8,超声功率为 192 W,超声时间为 4 min,考察自制阳离子改性絮凝药剂投加量对煤泥水沉降效果的影响,结果如图 5-33 所示。

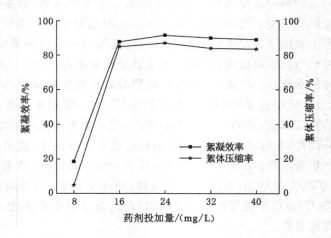

图 5-33 药剂投加量对沉降效果的影响

从图 5-33 中可得,随着药剂投加量的增加,絮凝效率及絮体压缩率不断提高,在投加量为 24 mg/L 时达到最大值,沉降效果随药剂投加量的增加先变好后变差,这是由于在自制阳离子改性絮凝剂(HPS-AM-DMDAAC)投加量较少的情况下,其所带正电荷较少,不足以中和煤泥颗粒表面所带负电荷,主要靠吸附架桥、网捕卷扫作用来扫除煤泥水中悬浮絮体。而随着投加量的增加,煤泥颗粒表面双电层不断被压缩,吸附架桥、网捕卷扫作用也增强,但当药剂投加量超过 24 mg/L 时,煤泥颗粒易被高分子药剂包裹,吸附空位减少,难与其他已吸附药剂的颗粒发生架桥连接,产生空间位阻效应,阻碍颗粒碰撞聚集,使絮凝效率及絮体压缩率下降。同时,药剂量超过一定程度可能会阻碍或抑制超声产生的空化效应,影响煤泥颗粒在絮凝剂分子链上的吸附,导致絮凝效果变差。综上,药剂投加量在 24 mg/L 时絮凝效果最佳。

2. 煤泥水浓度对煤泥水沉降效果的影响

试验固定药剂投加量为 24 mg/L,pH 值为 8,超声功率为 192 W,超声时间为 4 min,考察煤泥水浓度对其沉降效果的影响,结果如图 5-34 所示。

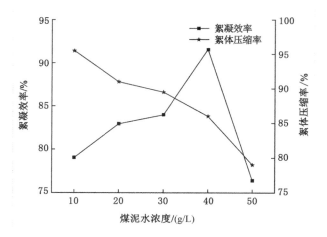

图 5-34　煤泥水浓度对沉降效果的影响

由图 5-34 可知,随着煤泥水浓度的增加,絮体压缩率逐渐下降,这是由煤泥颗粒含量的差异造成的,煤泥水浓度越高,沉降絮体高度越高。絮凝效率随煤泥水浓度增加呈先增加后降低趋势,因为煤泥水浓度的增加使悬浮颗粒沉降速度变慢,从而使药剂分子可以充分发挥架桥、卷扫作用,使微细颗粒相互黏附,上清液澄清程度提高,絮凝效率提高。而当煤泥水浓度继续增加,黏土矿物含量也在不断增加,超声波在预处理过程中传播速度增大,超声声阻抗为波速与介质密度的乘积,所以煤泥水浓度越高,超声声阻抗越大,空化气泡运动振幅减小,空化效应减弱,导致絮凝效果变差[9]。另一方面,煤泥水浓度的增加导致絮凝剂(HPS-AM-DMDAAC)中的阳离子不足以中和煤泥表面负电荷,絮凝效率下降。综上,煤泥水浓度在 40 g/L 时絮凝效果最佳。

3. 超声功率对煤泥水沉降效果的影响

试验固定药剂投加量为 24 mg/L,煤泥水浓度为 30 g/L,pH 值为 4,超声时间为 4 min,考察超声功率对煤泥水沉降效果的影响,结果如图 5-35 所示。

从图 5-35 中可得,随着超声功率的增加,絮凝效率和絮体压缩率提高。在超声功率为 192 W 时,絮凝效果最好,絮凝效率和絮体压缩率分别达 92.04%、87%,这是因为在一定范围内超声功率越大,空化效应越强,颗粒之间接触碰撞概率随之增大,同时,超声波还能对亲水胶体的水化膜产生破坏,增加后续絮凝时药剂中阳离子与带负电的煤泥颗粒的接触机会,从而产生凝聚进行沉降。当超声功率大于 192 W 时,絮凝效果变差,这是由于随着超声功率的增大,超声正压区空化气泡被拉伸作用变强,空化气泡半径增大,使得空化气泡运动周期变长,时间不变的情况下,空化气泡崩溃次数减少,空化效应减弱,导致沉降效果变

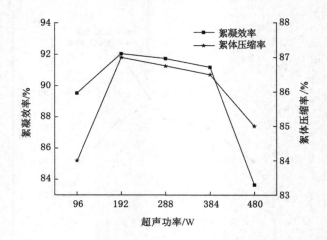

图 5-35　超声功率对沉降效果的影响

差[11]。当超声功率大于一定值时,颗粒与药剂之间的传质作用增强,过高频率的超声波振动导致煤泥颗粒的降解分散成更小颗粒,不利于煤泥水沉降。综上,超声功率在 192 W 时絮凝效果最佳。

4. 超声时间对煤泥水沉降效果的影响

试验固定药剂投加量为 24 mg/L,煤泥水浓度为 30 g/L,pH 值为 4,超声功率为 192 W。考察超声时间对煤泥水沉降效果的影响,结果如图 5-36 所示。

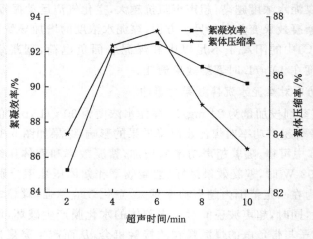

图 5-36　超声时间对沉降效果的影响

根据图 5-36 可得,絮凝效率及絮体压缩率随着超声时间的延长呈先增后降趋势,超声时间为 6 min 时,沉降效果最好,这是因为随着超声时间的延长,超声波空化引起的界面效应增强,超声波空化产生的微射流剥离、剥蚀了煤泥颗粒表面的黏土矿物等,创造了新的活性面,传质表面积及活性点数目不断增加,后续与药剂作用时吸附量不断增加,有利于煤泥水聚团沉降。而超声时间超过 6 min 后,絮凝效率和絮体压缩率降低,这是由于超声时间过长会使体系内产生聚能效应,超声空化能量聚集产生局部高温高压使煤泥颗粒之间的结合能断裂,使原本聚集成团的颗粒受机械剪切力作用而被冲击成分散颗粒,降低了煤泥水体系的稳定性。且随着超声时间的延长,药剂分子可能发生断裂现象,影响絮凝效果。综上,超声时间为 6 min 时絮凝效果最佳。

5.3.4　超声作用煤泥沉降机理分析

1. 絮团特性分析

絮团的形貌图可以直观反映絮团的大小,絮团越大越有利于煤泥水沉降。利用体视镜观测超声处理前后煤泥絮团形貌的变化,并采用分形维数从微观角度进一步来研究絮体的形态结构,分形维数越大,絮体的形状就越接近密实球体,煤泥水沉降效果越好。超声处理前后煤泥水絮团的粒径及分形维数变化如图 5-37 所示。

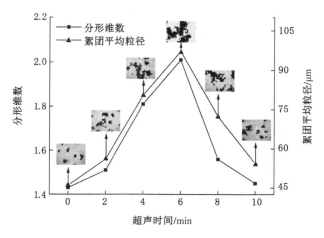

图 5-37　不同超声时间煤泥絮团特性对比图

从图 5-37 可以看出,超声预处理 0~10 min 后絮凝过程中产生的不同密实度的絮团,未经超声预处理的煤泥絮团粒径及分形维数较小,分别为 45.94 μm、1.43,而增加超声预处理后,絮团粒径及分形维数明显增大。随着超声时间的增加,絮团粒径及分形维数呈先升后降趋势,这是因为超声过程中产生的空化气泡不断增大、破裂、再生,其运动状态对煤泥颗粒产生了强大冲击力,在这种冲击力的作用下煤泥颗粒比表面积增加,异体凝聚作用加强,有利于后续与絮凝剂分子的结合,使絮凝过程更容易进行[178]。超声时间 6 min 时,絮团平均粒径及分形维数达到最大,分别为 97.29 μm、2.01,此后随着超声时间的延长,会引起更多无用气泡产生,增加散射损耗,形成声屏障,导致煤泥颗粒分布不均,对后续絮凝剂发挥作用产生不利影响,进一步造成絮团的尺寸和密实程度的下降。综上,超声预处理在合适的时间范围内有利于煤泥絮团粒径的增大及分形维数的增大,从而提高煤泥水处理效率。

这是因为超声过程中产生的空化气泡不断增大、破裂、再生,其运动状态对煤泥颗粒产生了强大冲击力,短时间的超声处理可以清洗煤泥表面细颗粒黏土矿物的罩盖,进而促进絮凝剂分子更好地在煤泥颗粒表面吸附,显著降低颗粒的电负性,减弱颗粒之间的静电斥力,促进颗粒絮凝。随着超声时间的增长,更多空化气泡产生溃灭,释放的能量更多[179],这些强烈的机械、化学作用使得煤泥颗粒进一步破碎,颗粒比表面积急剧增加,有利于药剂的充分吸附,絮凝效果显著优化[180]。综上,超声预处理在合适的时间范围内有利于煤泥絮团粒径的增大及分形维数的增加,从而提高煤泥水处理效率。

2. SEM 分析

煤泥颗粒的表面形貌可以直观反映出超声预处理对其产生的影响。采用扫描电镜进一步对不同超声预处理时间下的煤泥颗粒表面形貌进行分析,结果如图 5-38 所示。

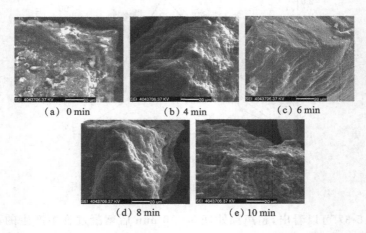

（a）0 min　　　　　（b）4 min　　　　　（c）6 min

（d）8 min　　　　　（e）10 min

图 5-38　不同超声时间煤泥颗粒形貌对比图

图 5-38(a)为放大 2 500 倍下未超声时的煤泥颗粒表面形貌,可以看出其表面被层状黏土矿物所包覆,表面细泥罩盖现象严重。随着超声时间的延长,煤泥颗粒表面的黏土矿物不断发生解离,图 5-38(b)为超声时间 4 min 处理后煤泥颗粒表面形貌,可以看出 4 min 时煤泥颗粒表面的黏土矿物被清洗,比未超声时的表面光滑很多。随着超声时间进一步延长,煤泥表面产生了不同程度的侵蚀、剥离,出现了超声波产生的冲击痕及黏土矿物剥落产生的凹痕,说明此时的煤泥颗粒被严重破坏,表面积急剧增加,被剥离的颗粒会继续以微细颗粒存在于溶液中。随着超声时间的增加,图 5-38(e)为超声时间 10 min 处理后煤泥颗粒表面形貌,此时黏土矿物在超声作用下再次发生吸附。

3. Zeta 电位分析

煤泥颗粒的表面 Zeta 电位可以反映超声预处理对煤泥水沉降效果的影响,是机理研究的重要参数。采用电泳仪对不同超声时间处理后煤泥颗粒表面 Zeta 电位进行测定,考察超声预处理对煤泥颗粒表面电性的影响,结果如图 5-39 所示。

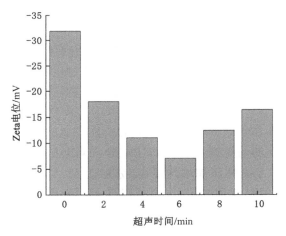

图 5-39 　不同超声时间煤泥颗粒 Zeta 电位对比图

从图 5-39 中可以看出,煤泥颗粒表面 Zeta 电位随超声时间的延长呈先降后升趋势,未超声时煤泥颗粒表面电位为 -31.84 mV,在超声 6 min 后,HPS-AM-DDAAC 处理的煤泥颗粒的 Zeta 电位降至 -7.09 mV,这表明该药剂明显压缩了煤泥颗粒表面的双电层,使药剂中阳离子中和了颗粒表面的负电荷,同时表明超声可能通过对煤泥和其表面的黏土矿物、水化膜的解离作用,强化了絮凝剂在颗粒表面的吸附,进而降低颗粒表面电位,提高了絮凝效率,增强了煤泥的沉降效果。与上述絮团特性分析及 SEM 分析结果一致。

5.4 本章小结

(1) 当煤泥水浓度为 40 g/L，HPS-AM 浓度为 0.1%，用量为 4 mL，搅拌速度为 20 r/min，pH 值为 8 时，沉降效果最好，煤泥水絮凝沉降后上清液浊度为 24.69 NTU，絮体压缩率为 99.90%。且该药剂受 pH 值的影响较小。

(2) HPS-AM 与 PAM 和 HPS 相比，HPS-AM 处理的煤泥水上清液浊度始终较低，表明 HPS-AM 的絮凝剂性能优于 PAM 和 HPS。具体而言，当 PAM 用作絮凝剂时，上清液的浊度随着絮凝剂用量的增加呈先降后增趋势。当 HPS-AM 作为絮凝剂时，上清液的浊度随着絮凝剂用量的增加呈先降后增趋势。在 4 mL 的剂量下获得最小浊度(30.19 NTU)。

(3) HPS-AM 的絮凝效果优于 PAM(1 200)、PAM(500)、PAC 三种絮凝剂。当药剂用量为 4 mL 时，HPS-AM 上清液浊度比 PAM(1 200)、PAM(500)、PAC 上清液浊度分别低 83.87%、77.25%、80.08%；HPS-AM 的絮体压缩率比 PAM(1 200)、PAM(500)、PAC 三种药剂絮体压缩率的平均值高 0.18%。

(4) 通过体视镜观察不同药剂作用下煤泥形成絮团情况，可观察到 HPS-AM 作用下的絮团相较于其他药剂较大且紧实；通过电泳仪对不同药剂作用下煤泥水体系的 Zeta 电位测定，HPS-AM 作用下的煤泥水体系 Zeta 电位绝对值降低幅度最大。

(5) 对比 HPS-AM-DMDAAC 与 APAM、HPS-AM、CPAM 处理不同煤泥水的絮凝效果，得出最佳絮凝条件下，HPS-AM-DMDAAC 处理 A 煤泥水和 B 煤泥水时絮凝效率及絮体压缩率均最高，分别达 93.86%、80.00%，91.60%、78.50%，絮团最大且结构致密，Zeta 电位降低幅度最大，结果表明絮凝性能优于 APAM、HPS-AM、CPAM，并在一定程度上具备对煤泥水处理的普适性。

(6) 研究了 HPS-AM-DMDAAC 絮凝煤泥水时，药剂投加量、pH 值、煤泥水浓度、反应温度对煤泥水絮凝沉降效果的影响。通过正交试验得出各因素对絮凝效率的影响顺序为：反应温度＞pH 值＞煤泥水浓度＞药剂投加量；确定了最佳絮凝条件为：药剂投加量 40 mg/L，pH 值为 4，煤泥水浓度为 50 g/L，反应温度为 20 ℃，此时絮凝效率达 93.86%，絮凝效果最好。

(7) 通过超声辅助 HPS-AM-DMDAAC 处理煤泥水，该处理方法具有操作简单、絮凝效率高、沉降效果好、药剂用量少的优点。通过正交试验确定了最佳絮凝条件为：药剂投加量为 24 mg/L，pH 值为 8，超声功率为 192 W，超声时间 8 min，煤泥水浓度为 30 g/L，此时絮凝效率达到 92.64%。沉降效果达到最佳。

（8）以絮凝效率为评价指标，对正交试验各影响因素进行方差分析，得出影响煤泥水沉降的因素显著性由高到低依次是药剂投加量、超声功率、超声时间和煤泥水浓度。

（9）絮团特性分析表明，适当地超声预处理后的煤泥絮团分形维数较大，说明其粒径更大、结构更致密，强化了煤泥水沉降效果；煤泥颗粒的扫描电镜分析表明，适当地超声预处理有助于煤颗粒聚团沉降的主要原因为超声波空化产生的微射流剥离、凹蚀了煤泥颗粒表面的黏土矿物等，创造了新的活性面，有利于后续煤泥颗粒与药剂作用时吸附量的增加；Zeta 电位分析表明，经超声预处理后煤泥颗粒 Zeta 电位降至 -7.09 mV，比超声前的煤泥水电位降低了 77.73%，有效压缩了双电层，促进了煤颗粒聚团沉降。

参 考 文 献

[1] 陈安彤.坚持"富矿精开",全力推动煤炭资源优势转化为发展优势[N].黔西南日报,2024-01-04(2).

[2] 王佟,刘峰,赵欣,等."双碳"背景下我国煤炭资源保障能力与勘查方向的思考[J].煤炭科学技术,2023,51(12):1-8.

[3] 余健.提升煤炭资源综合利用效能[N].经济日报,2023-12-09(6).

[4] 中华人民共和国国家统计局.中国统计年鉴[M].北京:中国统计出版社,2022.

[5] 黄彦福."双碳"愿景下我国煤炭行业现状及未来发展趋势预测[J].内蒙古煤炭经济,2023(22):66-68.

[6] 陈浮,于昊辰,卞正富,等.碳中和愿景下煤炭行业发展的危机与应对[J].煤炭学报,2021,46(6):1808-1820.

[7] 孙宝东,张军,韩一杰,等."双碳"目标下统筹能源安全与低碳转型的我国能源系统演化趋势与路径研究[J].中国煤炭,2022,48(10):1-15.

[8] 王志轩."双碳"目标下煤电产业科学发展的思考[J].中国煤炭,2022,48(9):10-17.

[9] 王树海."双碳"背景下我国煤炭产业高质量发展建议[J].内蒙古煤炭经济,2022(18):154-156.

[10] 马超,丁淑芳.常村煤矿选煤厂煤泥水工艺改造实践[J].煤炭技术,2014,33(10):256-258.

[11] 任智国,郝晋辉,马广忠,等.双柳煤矿选煤厂煤泥水控制系统的设计与应用[J].选煤技术,2023,51(1):84-88.

[12] 刘令云,闵凡飞,张明旭,等.不同密度级原煤的泥化特性[J].煤炭学报,2012,37(S1):182-186.

[13] PENG C S,SONG S X,FORT T. Study of hydration layers near a hydrophilic surface in water through AFM imaging [J]. Surface and Interface Analysis,2006,38(5):975-980.

[14] 潘凤娇,丁淑芳,邹洪顺达.煤泥水难沉降原因分析及处理技术研究现状[J].煤炭加工与综合利用,2023(3):9-14.

[15] 温雪峰,李昌平,关嘉华,等.浮选尾煤煤泥水特性及沉降药剂的选择性研究[J].煤炭工程,2004,36(2):55-57.

[16] 张明旭.煤泥水处理[M].徐州:中国矿业大学出版社,2000.

[17] 史学锋,李大虎,曹钊.五虎山选煤厂酸性煤泥水沉降试验研究[J].选煤技术,2021(3):16-20.

[18] 张明青,刘炯天,周晓华,等.煤泥水中主要金属离子的溶液化学研究[J].煤炭科学技术,2004,32(2):14-16.

[19] 闵凡飞,赵晴,李宏亮,等.煤泥水中高岭土颗粒表面荷电特性研究[J].中国矿业大学学报,2013,42(2):284-290.

[20] 张景,王泽南,宋树磊.煤泥水 pH 值对絮凝沉降效果的影响[J].洁净煤技术,2011,17(5):16-18.

[21] 张涛,张鸿波,杨福娟,等.pH 值对煤泥水沉降效果影响的试验研究[J].煤矿机械,2019,40(10):65-67.

[22] LIU C F,MIN F F,LIU L Y,et al. Density functional theory study of water molecule adsorption on the α-quartz (001) surface with and without the presence of Na$^+$,Mg^{2+},and Ca^{2+}[J]. ACS Omega,2019,4(7):12711-12718.

[23] 张立伟,张彦甫,尚书宏,等. 金属阳离子价态及絮凝方式对煤泥沉降特性的影响[EB/OL]. [2023-11-23]. https://link. cnki. net/urlid/51. 1251. td. 20231122. 1604. 013.

[24] 张弘强,卢宪路,李明明,等.无机盐对棋盘井选煤厂煤泥浮选效果的影响[J].煤炭加工与综合利用,2022(11):44-47.

[25] 潘月军.布尔台选煤厂煤泥水系统中矿物组成分析[J].洁净煤技术,2020,26(S1):54-56.

[26] 闵凡飞,陈军,刘令云.难沉降煤泥水处理新技术研究现状及发展趋势[J].选煤技术,2018(5):4-9.

[27] 王成勇,李子文,潘东.煤泥水悬浮颗粒混凝沉降影响因素研究[J].煤炭技术,2018,37(10):328-330.

[28] 张明青,宋烁烁,景宏涛.基于蒙脱石分散行为解析钙离子对煤泥水沉降性能的影响[J].太原理工大学学报,2022,53(5):830-837.

[29] 杨咏莉.复配药剂对蒙脱石沉降及脱水特性的影响研究[D].贵阳:贵州大学,2022.

[30] SABAH E,CENGIZ I. An evaluation procedure for flocculation of coal preparation plant tailings[J]. Water Research,2004,38(6):1542-1549.

[31] 亓欣,匡亚莉.黏土矿物对煤泥表面性质的影响[J].煤炭科学技术,2013,41(7):126-128.

[32] 高妮.阳离子淀粉基絮凝剂的制备及其对煤泥水处理效果的研究[D].太原:太原理工大学,2022.

[33] 李明明,高越,张贺,等.基于EDLVO理论的电化学作用强化褐煤煤泥水沉降研究[J].矿产保护与利用,2021,41(5):73-82.

[34] WANGX,QU Y Y,HU W W,et al. Particle characteristics and rheological constitutive relations of high concentration red mud[J]. Journal of China University of Mining and Technology,2008,18(2):266-270.

[35] 曾凡,胡永平.矿物加工颗粒学[M].徐州:中国矿业大学出版社,2001.

[36] 李亚萍,李跃金.粒度组成对煤泥水沉降影响的研究[J].广东化工,2011,38(6):312.

[37] 武磊,闫立峰,刘珍,等.微细粒煤泥水沉降特性及机理研究[J].煤炭加工与综合利用,2023(10):5-10.

[38] 汲万雷.煤泥水的性质及絮凝沉降的影响因素[J].选煤技术,2019(4):64-66.

[39] DERJAGUIN B V, ABRIKOSOVA I I, LIFSHITZ E M. Molecular attraction of condensed bodies [J]. Physics-Uspekhi, 2015, 58(9):906-924.

[40] VERWEY E J W,OVERBEEK J T G. Theory of the stability of lyophobic colloids[M]. Amsterdam:Elsevier,1948.

[41] 孙华峰.DLVO理论在煤泥水絮凝机理中的应用分析[J].选煤技术,2013(1):39-41.

[42] 李明明,张贺,丁淑芳,等.一种新型煤泥水电絮凝试验装置:CN213245227U[P].2021-05-21.

[43] 张志军,刘炯天,冯莉,等.基于DLVO理论的煤泥水体系的临界硬度计算[J].中国矿业大学学报,2014,43(1):120-125.

[44] 李强,侯健,廖长林,等.颗粒间作用力和EDLVO理论在水煤浆中的应用[J].中南大学学报(自然科学版),2021,52(10):3728-3740.

[45] 常艇,张锦龙,徐宏祥,等.基于EDLVO理论高泥化煤泥水沉降试验研究[J].煤炭技术,2022,41(9):220-222.

[46] 李桂春,闫晓慧,李明明.PAC作用下煤泥水絮凝沉降的EDLVO分析[J].黑龙江科技大学学报,2020,30(1):45-49.

［47］ 常青，傅金镒，郦兆龙.絮凝原理［M］.兰州：兰州大学出版社，1993.

［48］ 杜丽英.壳聚糖接枝共聚及其产物絮凝性能的研究［D］.沈阳：东北大学，2006.

［49］ DAI Q X, REN N Q, NING P, et al. Inorganic flocculant for sludge treatment：characterization，sludge properties，interaction mechanisms and heavy metals variations［J］. Journal of Environmental Management，2020，275：111255.

［50］ XIA J H，RAO T，JI J，et al. Enhanced dewatering of activated sludge by skeleton-assisted flocculation process ［J］. International Journal of Environmental Research and Public Health，2022，19(11)：6540.

［51］ 曹敏，彭欢玲，杜美利.煤矸石制备 PAFC 絮凝剂及其在煤泥水处理中的应用［J］.应用化工，2017，46(12)：2300-2301.

［52］ 柴进，常艇，张锦龙，等.APAM 分子量对难沉降煤泥水沉降特性和稳定性影响的研究［J］.煤炭技术，2022，41(4)：212-215.

［53］ ABBASI MOUD A. Colloidal and sedimentation behavior of kaolinite suspension in presence of non-ionic polyacrylamide（PAM）［J］. Gels，2022，8(12)：807.

［54］ 丁淑芳，潘凤娇，邹洪顺达.天然淀粉接枝改性絮凝剂的研究进展［J］.应用化工，2023，52(2)：633-638.

［55］ DU Q，WANG Y W，LI A M，et al. Scale-inhibition and flocculation dual-functionality of poly（acrylic acid）grafted starch ［J］. Journal of Environmental Management，2018，210：273-279.

［56］ HU P，SHEN S H，YANG H. Evaluation of hydrophobically associating cationic starch-based flocculants in sludge dewatering ［J］. Scientific Reports，2021，11：11819.

［57］ 杨志超，滕青，祝瑄，等.多糖型微生物絮凝剂处理方铅矿浮选废水的效能研究［J］.有色金属（选矿部分），2022(4)：147-153.

［58］ DONG J S，LIU Q J. Research on the coagulant aid effects of modified diatomite on coal microbial flocculation ［J］. Water Science and Technology：a Journal of the International Association on Water Pollution Research，2019，80(10)：1893-1901.

［59］ 冷小顺.后所煤矿选煤厂难沉降煤泥水沉降特性研究［J］.选煤技术，2015(3)：8-11.

［60］ 乔治忠，曹艳军，刘利波，等.准能选煤厂煤泥水特性及沉降影响因素分析

[J].煤炭加工与综合利用,2020(4):1-3.

[61] 匡亚莉,亓欣,邓建军,等.选煤厂高泥化煤泥水絮凝沉降的实验[J].洁净煤技术,2010,16(3):9-13.

[62] 刘炯天,张明青,曾艳.不同类型黏土对煤泥水中颗粒分散行为的影响[J].中国矿业大学学报,2010,39(1):59-63.

[63] 张明青,刘炯天,刘汉湖,等.水质硬度对煤和蒙脱石颗粒分散行为的影响[J].中国矿业大学学报,2009,38(1):114-118.

[64] ARNOLD B J,APLAN F F. The effect of clay slimes on coal flotation, part Ⅰ:The nature of the clay[J]. International Journal of Mineral Processing,1986,17(3/4):225-242.

[65] QUEROL X,KLIKA Z,WEISS Z,et al. Determination of element affinities by density fractionation of bulk coal samples[J]. Fuel,2001,80(1):83-96.

[66] ZHUANG X G,QUEROL X,PLANA F,et al. Determination of elemental affinities by density fractionation of bulk coal samples from the Chongqing coal district,Southwestern China[J]. International Journal of Coal Geology,2003,55(2/3/4):103-115.

[67] SENIOR C L,ZENG T,CHE J,et al. Distribution of trace elements in selected pulverized coals as a function of particle size and density[J]. Fuel Processing Technology,2000,63(2/3):215-241.

[68] 郭宣,冯向谊,王赫.铝钛聚合物对煤泥水沉降特性的影响[J].煤炭技术,2023,42(4):257-260.

[69] 谢俊彪,张明峰,祁新萍.煤泥水沉降特性的影响因素分析[J].化学工程与装备,2015(6):196-198.

[70] 张明青,刘顼,宋灿灿.从黏土行为视角认识煤泥水沉降性能[J].选煤技术,2021(1):44-49.

[71] 李伟荣,王恩磊,刘令云,等.矿物组成对高泥化煤泥水处理的影响研究[J].选煤技术,2017(1):1-4.

[72] 文献才.平煤天宏难处理煤泥水沉降试验研究[J].煤炭工程,2019,51(10):148-151.

[73] 赵瑜.选煤厂煤泥水沉降试验及其影响因素分析[J].煤炭与化工,2022,45(2):157-160.

[74] 张晓萍,胡岳华,黄红军,等.微细粒高岭石在水介质中的聚团行为[J].中国矿业大学学报,2007,36(4):514-517.

［75］ 冯莉,刘炯天,张明青,等.煤泥水沉降特性的影响因素分析［J］.中国矿业大学学报,2010,39(5):671-675.

［76］ 樊玉萍.平朔弱粘煤沉降脱水特性研究［D］.太原:太原理工大学,2015.

［77］ 孙景阳.布尔洞煤矿选煤厂细煤泥回收处理工艺选择与布置［J］.煤炭工程,2022,54(6):24-27.

［78］ 王照临,刘令云,王方源.超重力场中煤泥颗粒沉降规律研究［J］.佳木斯大学学报(自然科学版),2022,40(3):77-80.

［79］ 吴闪闪,江鹏,黎裁正,等.磁铁矿粉对煤泥水沉降特性的影响机理［J］.洁净煤技术,2022,28(9):162-169.

［80］ 樊玉萍,董宪姝.粒度组成特性对煤泥脱水效果影响的研究［J］.中国煤炭,2015,41(3):95-100.

［81］ 马正先,佟明煜,朴正武.pH对煤泥水絮凝沉降的影响［J］.环境工程学报,2010,4(3):487-491.

［82］ ZHANG ZHIJUN,LIU JIONGTIAN. Settling characteristics analysis of coal slime water based on original hardness［J］.Journal of China Society,2014,39(4):757-762.

［83］ 丁淑芳,潘凤娇.超声强化改性絮凝剂处理煤泥水的试验研究［J］.黑龙江科技大学学报,2023,33(2):167-172.

［84］ 丁淑芳,孙泽乾,李明明,等. 一种煤泥水絮凝沉降在线试验装置:CN213580567U［P］.2021-06-29.

［85］ 董宪姝,姚素玲,刘爱荣,等.电化学处理煤泥水沉降特性的研究［J］.中国矿业大学学报,2010,39(5):753-757.

［86］ 李明明,高越,丁淑芳,等.电化学抑制煤系黏土岩泥化的孔隙结构作用机制［J］.矿产保护与利用,2021,41(1):102-106.

［87］ MA J Y,FU X,JIANG L Y,et al. Magnetic flocculants synthesized by Fe_3O_4 coated with cationic polyacrylamide for high turbid water flocculation［J］. Environmental Science and Pollution Research,2018,25(26):25955-25966.

［88］ 吕玉庭,赵丽颖,时起磊.磁场对煤泥水絮凝沉降效果的影响［J］.黑龙江科技学院学报,2013,23(5):424-426.

［89］ 陈忠杰,闵凡飞,朱金波,等.高泥化煤泥水絮凝沉降试验研究［J］.煤炭科学技术,2010,38(9):117-120.

［90］ 张明青,刘炯天,何伟,等.煤泥水絮凝处理中絮凝体的分形特征［J］.环境科学研究,2009,22(8):956-960.

[91] CHEN JUN, MIN FANFEI, LIU LINGYUN, et al. Study on hydrophobic aggregation settlement of high muddied coal slurry water [J]. Journal of China Coal Society, 2014, 39(12):2507-2512.

[92] 李树君,谢安,林亚玲.高取代度阳离子变性淀粉絮凝剂制备与应用[J].农业机械学报,2011,42(2):134-137.

[93] DING S F, PAN F J, ZHOU S Q, et al. Ultrasonic-assisted flocculation and sedimentation of coal slime water using the Taguchi method[J]. Energy Sources, Part A: Recovery, Utilization, and Environmental Effects, 2023, 45(4):10523-10536.

[94] 吕一波,刘亚星,张乃旭.絮凝药剂 CPSA 对高泥化煤泥水沉降特性的影响[J].黑龙江科技大学学报,2014,24(2):157-161.

[95] 吕一波,朱元鑫.聚丙烯酰胺溶解装置性能优化研究[J].选煤技术,2011(2):17-20.

[96] DING S F, ZOU H, ZHOU S Q, et al. The preparation of hydroxypropyl starch grafted acrylamide and its enhancement on flocculation of coal slime water [J]. Energy Sources, Part A: Recovery, Utilization, and Environmental Effects, 2022, 44(3):7934-7948.

[97] FANTA G F, BURR R C, DOANE W M, et al. Graft copolymers from cobalt-60 pre-irradiated starch and mixtures of acryl-amide with N, N, N-trimethylaminoethyl methacrylate methyl sulfate[J]. Journal of Polymer Science:Polymer Symposia, 1974, 45(1):89-97.

[98] HOFREITER B T. Amylose graft polymers made by ^{60}Co gamma-irradiation[J]. Journal of Applied Polymer Science, 1977, 21(3):761-772.

[99] MIÑO G, KAIZERMAN S. A new method for the preparation of graft copolymers. Polymerization initiated by ceric ion redox systems [J]. Journal of Polymer Science, 1958, 31(122):242-243.

[100] KOLTHOFF I M, MILLER I K. The chemistry of persulfate. Ⅰ. the kinetics and mechanism of the decomposition of the persulfate ion in aqueous medium1[J]. Journal of the American Chemical Society, 1951, 73(7):3055-3059.

[101] MISHRA S, MUKUL A, SEN G, et al. Microwave assisted synthesis of polyacrylamide grafted starch (St-g-PAM) and its applicability as flocculant for water treatment[J]. International Journal of Biological Macromolecules, 2011, 48(1):106-111.

[102] 降林华,朱书全,邹立壮,等.天然改性淀粉絮凝剂的合成与应用[J].环境化学,2008,27(4):449-453.

[103] 石开仪,钱育林,李露露.CPAM 的合成及其在煤泥水沉降中的应用[J].湖南科技大学学报(自然科学版),2018,33(1):92-96.

[104] 陈忠平.高泥化煤泥水中微细颗粒疏水聚团特性及机理研究[J].山西化工,2018,38(6):40-42.

[105] 郭月亭.表面疏水改性对高泥化煤泥水沉降过滤的影响[D].太原:太原理工大学,2022.

[106] 柳骁,刘利波,徐宏祥,等.混合作用对煤泥水沉降中颗粒凝聚的影响及作用机理[J].煤炭技术,2022,41(4):216-219.

[107] 张瑜.华亭煤的微波辅助分级抽提的实验研究[D].西安:西安科技大学,2013.

[108] 张迁,尹禹琦,许普查.煤泥性质及其混凝剂作用下的沉降试验研究[J].煤炭工程,2022,54(12):181-186.

[109] 李毅红,齐小豆,吴迪.基于 EDLVO 理论的阳离子促进煤泥水沉降研究[J].煤炭技术,2022,41(3):228-230.

[110] 王志清.粘土矿物与高分子絮凝剂的吸附及沉降效果研究[D].太原:太原理工大学,2020.

[111] 刘海霞,毕梅芳,王怀法.不同浓度煤泥水絮凝效果试验研究[J].煤质技术,2014(2):61-63.

[112] 曹越.潘三选煤厂高泥化煤泥水絮凝沉降试验研究[J].选煤技术,2014(5):19-21.

[113] 李东颖,丁淑芳.煤泥水的絮凝沉降试验研究[J].华北水利水电学院学报,2009,30(3):99-102.

[114] HARVEY P A,NGUYEN A V,EVANS G M. Influence of electrical double-layer interaction on coal flotation[J]. Journal of Colloid and Interface Science,2002,250(2):337-343.

[115] 冯泽宇,董宪姝,马晓敏,等.离子特性对煤泥水凝聚过程的影响[J].矿产综合利用,2018(5):63-67.

[116] 李少章,朱书全.细泥煤泥水凝聚与絮凝沉降[J].煤炭科学技术,2004,32(9):43-45.

[117] 张明青.煤泥水凝聚沉降机理及体系耗散结构特征研究[M].徐州:中国矿业大学出版社,2013.

[118] 史志鹏.非离子聚丙烯酰胺(NPAM)对絮凝体沉降特性的影响研究[D].

杨凌：西北农林科技大学，2019.

[119] 陶亚东，朱子祺，张佳彬，等.上湾选煤厂煤泥水絮凝试验研究与优化[J].煤炭技术，2018，37(5)：288-290.

[120] HUANG M，WANG Y W，CAI J，et al. Preparation of dual-function starch-based flocculants for the simultaneous removal of turbidity and inhibition of Escherichia coli in water[J]. Water Research，2016，98：128-137.

[121] PAL S，MAL D，SINGH R P. Cationic starch：an effective flocculating agent[J]. Carbohydrate Polymers，2005，59(4)：417-423.

[122] LIU Z Z，HUANG M，LI A M，et al. Flocculation and antimicrobial properties of a cationized starch[J]. Water Research，2017，119：57-66.

[123] 曹文仲，王磊，田伟威，等.淀粉接枝丙烯酰胺絮凝剂合成及机制[J].南昌大学学报(工科版)，2012，34(3)：216-219.

[124] 李蕾，王光华，李文兵，等.淀粉接枝聚丙烯酰胺的结构研究[J].应用化工，2006，35(3)：213-216.

[125] 曹亚峰.反相乳液中淀粉接枝共聚物的合成及其絮凝性能的研究[D].大连：大连理工大学，2003.

[126] 鲍乾辉，潘伟朝，陶燕，等.辐射引发聚合反应研究进展[J].广东化工，2015，42(18)：84-85.

[127] 包华影，贾海顺，曲国翠，等.^{60}Co γ 射线预辐照制备淀粉-丙烯酰胺接枝物[J].辐射研究与辐射工艺学报，2000，18(4)：263-267.

[128] ZHANG Z，CHEN P R，DU X F，et al. Effects of amylose content on property and microstructure of starch-graft-sodium acrylate copolymers[J]. Carbohydrate Polymers，2014，102：453-459.

[129] ASHOGBON A O，AKINTAYO E T. Recent trend in the physical and chemical modification of starches from different botanical sources：a review[J]. Starch-Stärke，2014，66(1/2)：41-57.

[130] 邹洪顺达，刘瑶瑶，孙泽乾.一种关于淀粉接枝丙烯酰胺反应装置：CN215743439U[P].2022-02-08.

[131] 丁淑芳，潘凤娇，邹洪顺达.羟丙基淀粉接枝丙烯酰胺制备及其强化煤泥水沉降的作用机制[J].煤炭工程，2023，55(6)：169-175.

[132] 刘晓艳.淀粉接枝聚丙烯酰胺的制备与应用研究[D].北京：北京印刷学院，2008.

[133] LIU J B，JIA S H，XU L M，et al. Application of composite degradable

modified starch-based flocculant on dewatering and recycling properties [J]. Water Science and Technology,2020,82(10):2051-2061.

[134] HU P, ZHUANG S H, SHEN S H, et al. Dewaterability of sewage sludge conditioned with a graft cationic starch-based flocculant:role of structural characteristics of flocculant [J]. Water Research, 2021, 189:116578.

[135] WANG L L, ZHANG X, XU J, et al. How starch-g-poly(acrylamide) molecular structure effect sizing properties[J]. International Journal of Biological Macromolecules,2020,144:403-409.

[136] 肖卫鹏,徐梓轩,崔跃飞,等.羟丙基淀粉/DMAEMA 接枝共聚物的合成与表征[J].仲恺农业工程学院学报,2021,34(1):31-35.

[137] SONG W Q, ZHAO Z W, ZHENG H J, et al. Gamma-irradiation synthesis of quaternary phosphonium cationic starch flocculants[J]. Water Science and Technology,2013,68(8):1778-1784.

[138] EL-SHEIKH M A. A novel photo-grafting of acrylamide onto carboxymethyl starch. 1. Utilization of CMS-g-PAAm in easy care finishing of cotton fabrics [J]. Carbohydrate Polymers, 2016, 152: 105-118.

[139] 郭雅妮,李璐明,郭战英,等.反相乳液聚合法制备复合淀粉絮凝剂及性能[J].西安工程大学学报,2021,35(3):9-16.

[140] 丛龙斐,王霄鹏,周长春.PAM-粉煤灰体系在煤泥水絮凝沉降过程中的作用及机理[J].煤炭技术,2020,39(1):152-154.

[141] MIN F,CHEN J,PENG C,et al. Promotion of coal slime water sedimentation and filtration via hydrophobic coagulation[J]. International Journal of Coal Preparation and Utilization,20018,41(11):1-15.

[142] 郑继洪,赵兵兵.阳离子型聚丙烯酰胺在煤泥水处理中的应用研究[J].内蒙古煤炭经济,2016(21):121-122.

[143] ZHOU H J, ZHOU L, YANG X Y. Optimization of preparing a high yield and high cationic degree starch graft copolymer as environmentally friendly flocculant:through response surface methodology [J]. International Journal of Biological Macromolecules, 2018, 118 (Pt B): 1431-1437.

[144] 丁淑芳,潘凤娇,赵玉洁,等.阳离子型淀粉接枝改性絮凝剂的合成及性能研究[J].中国煤炭,2023,49(9):104-110.

[145] 郭雅妮,穆林聪,刘梦雅.木薯淀粉接枝丙烯酰胺絮凝剂制备的影响因素分析[J].功能材料,2020,51(2):2150-2154.

[146] LV X H,SONG W Q,TI Y Z,et al. Gamma radiation-induced grafting of acrylamide and dimethyl diallyl ammonium chloride onto starch[J]. Carbohydrate Polymers,2013,92(1):388-393.

[147] 刘洋,胡应模,沈乐欣,等.三元共聚阳离子型聚丙烯酰胺的合成及应用[J].精细化工,2011,28(3):280-283.

[148] 孙英娟,杨永利.淀粉接枝丙烯酰胺絮凝剂在煤泥水处理中的应用[J].中国煤炭,2017,43(2):86-91.

[149] 刘伦华.一种阳离子型天然高分子絮凝剂研究[D].武汉:华中科技大学,2007.

[150] 张春芳.双水相体系中淀粉接枝丙烯酰胺聚合反应引发体系的研究[D].大连:大连工业大学,2010.

[151] SINGH V, TIWARI A, PANDEY S, et al. Microwave-accelerated synthesis and characterization of potato starch-g-poly(acrylamide)[J]. Starch-Stärke,2006,58(10):536-543.

[152] 刘奇.淀粉-AM-DADMAC 接枝共聚物的微波合成与絮凝应用[D].武汉:武汉科技大学,2012.

[153] 李林,陶旭晨.淀粉基吸水树脂的制备与性能分析[J].化工新型材料,2019,47(10):211-215.

[154] 达超超,闫沙沙,赵亚洲,等.S-DMDAAC-AM 阳离子型高分子絮凝剂的合成及性能研究[J].化工技术与开发,2011,40(3):1-3.

[155] 王熙.疏水缔合阳离子淀粉絮凝剂的制备和研究[D].西安:陕西科技大学,2012.

[156] 许娟,彭晓宏,姚文.AM/IA/DMDAAC 阳离子聚丙烯酰胺的合成[J].化工科技,2009,17(5):30-33.

[157] 刘宏臣.羟丙基淀粉的制备及其在酸性染料印花中的应用[D].郑州:中原工学院,2014.

[158] 解金库,赵鑫,盛金春,等.一种膨润土改性淀粉抗高温降滤失剂的研制及其性能[J].精细石油化工,2011,28(6):62-65.

[159] 王全武.影响煤泥水澄清效果的主因素及其作用机制[D].徐州:中国矿业大学,2019.

[160] 张波,文然,孙文昕,等.产卟啉杆菌对棕鞭藻絮凝收获的影响机制[J].中国油脂,2023,48(1):146-152.

[161] XU H,XIAO F,WANG D S,et al. Survey of treatment process in water treatment plant and the characteristics of flocs formed by two new coagulants〔J〕. Colloids and Surfaces A：Physicochemical and Engineering Aspects,2014,456：211-221.

[162] 王雷.外加电场辅助煤泥水沉降试验研究[D].淮南:安徽理工大学,2013.

[163] 陈军.高泥化煤泥水中微细颗粒疏水聚团特性及机理研究[D].淮南:安徽理工大学,2017.

[164] 段旭琴,马剑,赵鸣.一种有效的煤泥水处理药剂[J].中国煤炭,2003,29(11):49-50.

[165] 李毅红.含高岭石煤泥水沉降试验研究[J].选煤技术,2020(5):38-41.

[166] 李海花,高玉华,张利辉,等.阳离子型接枝淀粉絮凝性能研究[J].工业水处理,2019,39(10):49-53.

[167] 高明,徐志强.两性型淀粉-丙烯酰胺接枝共聚物的合成与在煤泥水处理中的应用[J].中国煤炭,2013,39(11):90-93.

[168] SUN W Q,ZHOU S B,SUN Y J,et al. Synthesis and evaluation of cationic flocculant P（DAC-PAPTAC-AM）for flocculation of coal chemical wastewater[J]. Journal of Environmental Sciences（China）,2021,99：239-248.

[169] ZHU C,ZHANG P Y,WANG H J,et al. Conditioning of sewage sludge via combined ultrasonication-flocculation-skeleton building to improve sludge dewaterability[J]. Ultrasonics Sonochemistry,2018,40（Pt A）：353-360.

[170] RAZALI M A A,ARIFFIN A. Polymeric flocculant based on cassava starch grafted polydiallyldimethylammonium chloride：flocculation behavior and mechanism[J]. Applied Surface Science,2015,351：89-94.

[171] ZHOU S Q,WANG X X,BU X N,et al. A novel flotation technique combining carrier flotation and cavitation bubbles to enhance separation efficiency of ultra-fine particles[J]. Ultrasonics Sonochemistry,2020,64：105005.

[172] CHU C P,CHANG B V,LIAO G S,et al. Observations on changes in ultrasonically treated waste-activated sludge[J]. Water Research,2001,35(4):1038-1046.

[173] TIEHM A,NICKEL K,ZELLHORN M,et al. Ultrasonic waste activated sludge disintegration for improving anaerobic stabilization[J].

Water Research,2001,35(8):2003-2009.

[174] LIN L,CUI H Y,HE R H,et al. Effect of ultrasonic treatment on the morphology of casein particles[J]. Ultrasonics Sonochemistry,2014,21 (2):513-519.

[175] YI W G,LO K V,MAVINIC D S. Effects of microwave,ultrasonic and enzymatic treatment on chemical and physical properties of waste-activated sludge[J]. Journal of Environmental Science and Health,Part A,2014,49(2):203-209.

[176] LIN Z,WANG Q W,WANG T Q,et al. Dynamic floc characteristics of flocculated coal slime water under different agent conditions using particle vision and measurement[J]. Water Environment Research:a Research Publication of the Water Environment Federation,2020,92 (5):706-712.

[177] HUANG T L,ZHANG G,GUO N,et al. Pilot scale evaluation on ferric floc sludge concentration with pelleting flocculation blanket process[J]. Water Science and Technology:a Journal of the International Association on Water Pollution Research,2010,62(9):2021-2027.

[178] 张瑞麟,杜超,鞠雪莹,等. 超声辅助提取3种油茶籽粕多糖及抗氧化活性研究[J]. 中国粮油学报,2022,37(7):122-127.

[179] CHAKRABORTI R K,GARDNER K H,ATKINSON J F,et al. Changes in fractal dimension during aggregation[J]. Water Research, 2003,37(4):873-883.

[180] MAO Y Q,BU X N,PENG Y L,et al. Effects of simultaneous ultrasonic treatment on the separation selectivity and flotation kinetics of high-ash lignite[J]. Fuel,2020,259:116270.